新文京開發出版股份有限公司

NEW
WCDP

新世紀・新視野・新文京 ― 精選教科書・考試用書・專業參考書

New Wun Ching Developmental Publishing Co., Ltd.

New Age · New Choice · The Best Selected Educational Publications — NEW WCDP

新 編

環境 與生活

第3版
THIRD EDITION

Environment
and Life

陳健民 黃大駿 劉瑞美 吳慶烜 | 編著

三版序 │ PREFACE

Environment
and Life

　　時序即將進入 2024 年，回顧 2023 年，極端氣候造成全球各地天災地變不斷，環境與氣候難民人數不斷攀高。西澳州經歷「百年一遇」洪災，美國南加州則因降雨量破 45 年紀錄以及北加州舊金山灣區降雨破 161 年紀錄造成全州損失慘重，歐洲乾旱包括法國打破冬季紀錄的超過一個月沒降雨，加拿大野火肆虐受災面積破歷史紀錄，阿拉斯加冰山融潰使其首府遭破紀錄的洪水淹沒，印度、日本等亞洲國家夏季創高溫紀錄而同期澳洲冬季經歷 1910 年以來最熱高溫，紐約地區創紀錄暴雨襲擊造成交通癱瘓並使附近 2 州發布緊急狀態，西歐受破紀錄強風風暴侵襲造成百萬戶停電，夏威夷乾旱導致毛伊島小鎮遭野火燒成廢墟並致 36 死、巴西雨林所在的亞馬遜州乾旱缺糧……等；聯合國秘書長古特瑞斯在剛結束的杜拜全球氣候會議 (COP28) 指出，2023 年是人類出現在地球至今最熱的一年，並說：「我們正在經歷全球沸騰的氣候崩潰時刻，…全球各地乾旱、洪水、野火等極端災害不斷，各國領導人應該感到恐懼，並立即採取行動」（言下之意，暖化已是過去式，現在進行式是沸騰）。COP28 是首次在 2015 年 COP21 的《巴黎協定》後，盤點各國近年因應氣候變化行動之成果。由於各國在《巴黎協定》原訂「2020 年應減少 25% 溫室氣體排放」的目標跳票，且導致今年全球升溫已達 1.1 度，遠遠落後 2030 年控制在 1.5 度的目標，因此 COP28 決議：「2030 年全球減碳目標需達 43%、再生能源裝置容量增加兩倍以及將能源效率提高一倍、啟動損失與損害基金以支援遭氣候變遷衝擊國家、2030 年前減少 30% 甲烷排放、化石燃料自能源系統中「過渡」轉型到其他能源以實現 2050 淨零排放目標等」；另以美國、法國、加拿大為首的 22 個國家也宣示要在 2050 前將全球核電產量變成三倍。

　　時間再往前推 5 年，綜觀全球整體狀態，我們只能用「驚濤駭浪」四個字來形容！2019 年 12 月新冠肺炎 (COVID-19) 從中國大陸開始傳播並肆虐全球，各地區因疫情管

控措施造成經濟停滯、人流物流驟減、全世界人類生活形態與模式巨變;世界衛生組織估計在 2020 年 1 月 1 日至 2021 年 12 月 31 日期間,感染人數超過 6.6 億,而與大流行直接或間接相關的全部死亡約為 1,490 萬。進入 2022 年,因為疫苗的普及化以及病毒毒性減弱之故,人類好不容易逐漸脫離疫情的影響,恢復以往的正常生活,但 2022 年 2 月 24 日,俄羅斯卻出兵入侵烏克蘭,引爆了自二戰以來歐洲最大規模戰爭。地緣政治衝突升溫及物資供需失衡,也造成全球許多地區的糧食與能源危機以及延續至今的全球性通貨膨脹,並為後疫情時代的經濟復甦前景帶來陰影;接著,2023 年 10 月 7 日巴勒斯坦激進組織哈瑪斯以逾 5,000 千枚火箭彈、兵分多路突襲以色列並俘虜數百位人質,以色列次日即對哈瑪斯宣戰並出兵反擊;以巴衝突至今已超過 2 個月並無緩和跡象,但卻已造成中東地區政治穩定性的嚴重失衡以及全球各地不同支持立場人士的嚴重對立,可悲的是加薩地帶已有近 2 萬名無辜平民(孩童占 1/3)死亡與 100 多萬民眾的流離失所。不論是新冠疫情或地域戰爭衝突,皆直接或間接地的對地球上每個人以及不同環境帶來不同程度的衝擊!全球產業鏈的去全球化也許正在進行,但環境急速轉變和極端氣候對全球化各層面的衝擊卻是越演越烈!特別是氣候變遷所帶來的影響,不論富貴貧賤(越窮困者影響越大)、不論開發或未開發(未開發者影響越大),皆無可避免!特別值得一提的是世界衛生組織今年首度在氣候峰會上 (COP28) 提出「氣候與健康宣言」,欲將人類健康列為氣候行動的核心議題,也是最多國家支持的協議之一。為何如此?因為化石燃料的使用不僅有碳排問題,更同時製造空氣汙染,而氣候變遷加劇空汙、高溫及疾病傳播所產生的健康影響。世界衛生組織估計,氣候變遷造成每年有 1.9 億人的生命健康安全受到威脅,空汙也造成近 700~900 萬人過早死,是烏俄戰爭與以哈衝突傷亡人數的數十倍。COP28 主席賈柏強調:氣候變遷已是本世紀人類健康的最大威脅,並呼籲各國儘速加強醫療體系應對資源。

雖然已落幕的 COP28 會議帶來不少好消息，但這些決議或宣言畢竟僅是無約束力的目標、惠而不實。個人認為未來這幾年的全球政治氛圍與經濟前景，包括保護主義興起、地域衝突、中美對立、大陸經濟衰退、全球通膨等因素終將影響這些目標的達成，畢竟距離 2030 年僅有短短的 6 年。別忘了美國前副總統高爾於 2006 年即發表了《不願面對的真相》有關全球暖化的演講記錄片，也獲得全球極大的迴響，但距今已經超過 17 年了！我們做了什麼？做的夠嗎？我們生活模式與型態轉變的夠快嗎？微軟創辦人比爾蓋茲出席 COP28 時直言，世界恐怕無法實現將全球升溫控制在攝氏 2 度，「如果能維持在攝氏 3 度以下已經萬幸」；而同時由「未來地球」、「地球聯盟」及「世界氣候研究計畫」所發表報告也指出，若依當前速率排碳，可能 6 年（2030 年）全球升溫就會達到攝氏 1.5 度。更多的壞消息是：英國研究團隊預測，地球上 5 個主要的自然系統已近達臨界點，包含格陵蘭和南極洲西部冰帽、溫水珊瑚礁系統、北大西洋副極地環流，以及永凍土地區。這些地區一旦跨越臨界點，將不僅對當地發生不可逆的變化並將產生連鎖反應，牽動全球生態體系。

人類的好日子已不復在！全球環境惡化敗壞使得人類文明發展的頹勢已現。我們還能扭轉局面嗎？人類對其文明永續的未來挑戰才剛開始！

本書第一版推出時間是 2016 年，當時承蒙幾位編著老師們的努力才得以完成此書，至今我們仍秉持環保人的一顆心與初衷，儘可能將部分內容（特別是在第四、六章）予以更新或加強，提供給我們的下一代最正確與最新的資訊。但最重要的還是希望能藉由知識的傳播，讓讀者能知而行，在生活、行動上實踐環保，進而改變我們的環境，畢竟我們僅有一個地球！希望生命會找到出路，人類的智慧會帶領我們步入曙光。祈求人類的明天會更好。

陳健民 謹識

二版序 | PREFACE

Environment *and Life*

　　地球生病了，所以發燒，而人類是致病菌，是病毒，是造成 James Lovelock 口中所描述的蓋雅生命體逐漸失去自我修復、自我調節能力的最大元兇。我們是地球上最有智慧的生物，怎會讓自己深陷如此困境，並同時拖累其他數以萬計、多樣繽紛的各種生命？其實答案很簡單，因為多數人不懂環境，當然也不知如何愛護它。當我們不瞭解一件事物或覺得與個人沒有關連時，我們是不會去珍惜的。這也是編撰這本書的初衷－去教育我們的下一代。

　　2016 年的第一版「環境與生活」是由本校環境學院的幾位老師發起撰寫的一本通識教材，主要目的是希望透過淺顯的觀念介紹即可讓一般非理工背景的學生瞭解自然環境即是人類日常生活的根本與基礎。其不僅與人類文明的發展息息相關，也維繫著現今許多人的存亡問題，而環境的維護與保育更應該是身為世界公民每一分子的責任。

　　本書第一章「人與環境」是闡述人類文明發展至今與環境的關連性；第二章「生態環境與生活」是介紹自然環境運作的基本概念；第三章「能資源與生活」是說明人類所使用的能資源；第四章「全球環境變遷與生活」是闡明現今地球整體環境所面臨的問題；第五章「環境汙染與生活」是介紹人類所造成的環境汙染問題；第六章「臺灣的環境問題」是剖析臺灣目前所須面對的環境問題；第七章「人類健康、環境安全及永續生活」是探討人類文明的未來發展與出路。以上各章皆特別強調不同環境議題與現今人類生活的關連性，以期能讓學生深刻地體會到環境與其切身的關係。為了讓一般的學生更能建立正確及清晰的概念並加以吸收、融會貫通，本書從構思、資料收集與整理、架構擬定到繪圖、撰寫，都是幾位編著老師們經過無數小時的反覆討論與絞盡腦汁的結晶。由於今日科技進步的快速，而資訊的累積與更新也加快許多，為了讓讀者能掌握最新訊息，在第一版出版之後的不到 3 年時間，我們也完成第二版。在此也特別致謝所有共同作者們的努力。

的確，畢竟人類對地球的殘害不曾停歇，而我們對環境保護和教育下一代的努力不僅刻不容緩，更要加緊腳步。「環境與生活」第一版推出時的 2016 年是地表自 1880 年以來最熱的一年，2018 年應是第四熱的年份，僅次於 2015 與 2017。地球暖化的趨勢已經無法改變，隨之而來的氣候極端化與整體環境的惡化只會讓人類的生活品質更走下坡。

美國人福勒 (Buckminster Fuller) 曾提出太空船－地球號 (spaceship earth) 的概念。他將地球比擬為航行於宇宙中的一艘太空船。這艘太空船承載了數十億的人類以及其他的生物旅客，而在其中，空間與資源皆是有限的，其能航行多久，端視裡面的人類如何來操作與妥適的管理。今日人類正走到十字路口而面臨關鍵性的選擇。我們是要耗盡所有資源，無顧內部機件的損壞，任由所有的生命自生自滅，雖然在短期內生活富裕、極盡享受，但最終船毀人亡？還是妥善運用有限的資源，將所有的生物視為工作的伙伴，使地球號能永遠的航行於太空中？我們難道真要如同前聯合國秘書長吳丹 (U Thant) 在 1970 年的聯合國大會中所說的：「當我們每晚透過瀰漫在有毒的水面上的霧霾看著夕陽緩緩沈下時，我們應捫心自問，是否真的希望未來在另一個星球的宇宙歷史學家這樣評價我們：『儘管他們有著橫溢的才華與精湛的科技，他們卻選擇耗盡空氣、水、資源、遠見及想法。他們寧可持續地操弄政治利益直到世界在他們眼前崩壞。』」

最後，將本書獻給所有為我們下一代努力的環保鬥士，人類的永續發展以及地球的整體環境與萬物生靈就靠你們了。

陳健民　謹識

編著者介紹 | ABOUT THE AUTHORS

Environment *and Life*

陳健民

學 歷 | 美國紐澤西州立羅格斯大學環境科學研究所博士
經 歷 | 嘉南藥理大學環境資源管理系教授退休
嘉南藥理大學副校長兼環境永續學院院長
嘉南藥理大學分析檢測中心主任
嘉南藥理大學學生事務處處長
嘉南藥理大學環境資源管理系主任
嘉南藥理大學環境工程與科學系教授
美國紐澤西州立醫學與牙醫大學水中毒理研究室研究員

黃大駿

學 歷 | 臺灣大學動物學研究所博士
現 任 | 嘉南藥理大學環境資源管理系教授

劉瑞美

學 歷 | 國立中興大學土壤學研究所博士
現 任 | 嘉南藥理大學環境工程與科學系教授
嘉南藥理大學環境永續學院院長

吳慶烜

學歷 ｜ 國立臺北大學都市計劃研究所博士

經歷 ｜ 嘉南藥理大學應用空間資訊系副教授退休

嘉南藥理大學休閒保健系助理教授

嘉南藥理大學文化事業發展系副教授

嘉南藥理大學文化事業發展系系主任

國立臺北大學都市計劃研究所助理研究員

立法院立法委員國會助理

目　錄 │ CONTENTS

Environment
and Life

Environment and *Life*

人與環境

01

CHAPTER

FOREWORD 前言

21 世紀是地球自開始有人類文明以來最富裕、最繁榮與興盛的時代，但也是最擁擠、最熱、最多災難的時代。現代人藉由科技所帶來的便利與速度，不僅推動經濟發展、成長與全球化 (globalization)，同時也使人類過的更舒適、更健康、更長久，但我們賴以生存的環境，卻有可能無法再支持人類邁入下一個世紀了。造成如此結果的原因很簡單，就是我們所消耗的資源及對待環境的方式已經超過地球可以承受的極限了。人類是地球上的一種哺乳類動物，跟所有其他的生物一樣，我們理應是自然環境 (natural environment) 的一部分，遵循著自然法則，融入於整體生態系統的運作，但是我們卻選擇自私與無知，自私於掠奪所有自然資源，只顧自我發展而不顧其他生物的生存，無知於大地的資源是有限地，以及運作方式是錯綜複雜地，卻以為人定勝天、科技萬能。如要知道人類為何落到如此下場？我們須先了解自然環境是如何的運作？然後再逐一檢視我們所面臨的問題。

1-1　自然環境與演變

地球是太陽系中的行星之一，至今已經存在超過 45 億年。其他的行星因為不同的天體運動及自然作用而發展出不同的環境，但唯有地球是有生命的。也因為有了生命及演化作用 (evolution)，地球也同時受到影響，形成一生命／物質交互影響的獨特行星。

❀ 1-1-1　自然環境之結構與組成

環境 (environment) 是一個概念性名詞，是人類用來描述周遭事物的用語。凡一切在生物周圍的能量、物質或現象等皆是構成環境的一部分。能量有許多的形式，在一般環境中較重要者有光、熱、電、核能等；環境中的物質則包括水、空氣、礦物、岩石…等，當然也包含生物本身及其衍生出的生物分子，這些物質基本上都是不同的化學組成而已；而自然界的現象則是物質與能量的不同表現。

地球是一個行星，本身即是一個受太陽以及其他天體影響的巨大運作系統 (system)。我們可將地球整體環境簡單地區分為不同的系統，即水圈 (hydrosphere)、地質圈 (geosphere)、大氣圈 (atmosphere) 以及生物圈 (biosphere)，如圖 1-1。

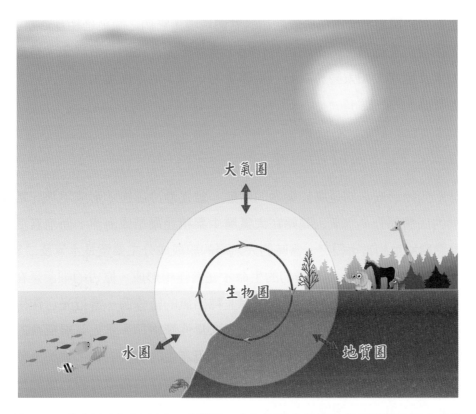

圖 1-1　地球環境包括水圈、地質圈、大氣圈與生物圈等相互影響的四大系統

　　水圈是指地球上所有水的集合。地球是太陽系中唯一的行星，其所含的水是能三態同時存在。這些水在不同的環境以及條件下，產生相態的轉變、遷移，以及含量的變化，即稱為水文循環 (hydrologic cycle)（詳見第 2 章）。

　　地質圈為非生命的固體物質的部分，泛指如岩石與其上之碎屑物（如土壤顆粒）等，也是地球上幾乎所有化學物質的來源。

　　大氣圈為大氣層內之空氣中所含所有物質的集合體，包括氣體以及懸浮於空氣中的固體等。相對於其他環境系統，其所含物質之量也是最少，但卻對地球幾乎所有生物的影響最鉅，因為生物的呼吸或光合作用皆須依賴其中的氣體。

　　生物圈一詞在早期是指地球上所有生物體的集合，但現今已廣義的定義為所有生態系統的集合體，即包含有生物的自然環境都屬於生物圈，大約是海平面上下垂直 10 公里的範圍。

以上不同的環境系統不僅構成地球的整體環境，它們之間更是相互牽連與影響，並同時藉由發生在地表上的不同自然作用，產生千變萬化的自然現象。再加上地球系統外的天文因素，如太陽、隕石、星球重力…等，地球從誕生至今，它本身的環境其實也有很大的改變。

🍀 1-1-2　自然環境之演變

地球剛開始形成之初是處於熔融的狀態。當逐漸冷卻後才形成地核、地函、地殼等不同的固體部分，水氣也開始在大氣層中累積並凝結成海洋，而地質活動非常活躍，整體環境也相當不穩定。當時的大氣層的組成成分主要還是水氣及二氧化碳。經過約 10 億年的孕育後，地球最初的生命才在海洋中形成。原古的細菌是在無氧的環境下生存，然後才演化出可行光合作用並釋出氧的藍綠菌。當行光合作用的物種數量越來越多時，同時也導致大氣中的氧氣含量逐漸增加。當大氣層所含的物質組成與濃度逐漸改變後，也隔絕了來自太空或太陽產生的有害射線。再加上陸地環境也變的相對較為安定，讓海洋中的生物可以演化出生存於海陸交界之處的物種，進而發展出可完全適應陸地環境的生物。

大氣環境同時也受到太陽以及其他天體的作用，前者尤其重要，因為其產生巨大的能量。光抵達地球後影響地表的氣候甚鉅，不僅形成季節以及改變水的狀態及分布，也同時造就生物演化出在其生命週期中適應不同溫差的能力。由於太陽或其他因素之故，地球形成至今曾經歷過至少 4 次的冰河期，其間又有間冰期，全球氣溫在這些時期皆偏低，也使許多動植物滅絕或被迫遷移。地球偶爾也會受來自外太空隕石的襲擊。大型隕石產生的衝擊曾經造成一次冰河期的發生，並終結了地球的恐龍時代，進而改變了哺乳類的命運。

在地質的變化方面，地球陸地在距今 3 億年前原為一塊，稱為盤古超大陸[1](Pangaea)，後來藉由地殼運動才分裂並各自漂移，並演變成現在的六塊大陸（圖1-2），而不同的地質活動也導致部分陸地區域的沉沒及生成，以及生成不同型態的地域環境。

以上的這些環境的變化，不論是長期或短期的，皆迫使生物不斷的演化，而衍生出至今繽紛多樣的生命及人類的出現。

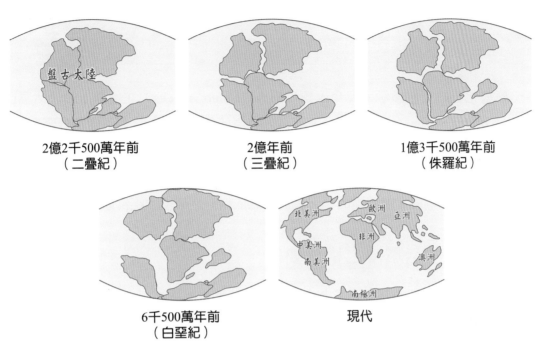

圖 1-2　現今各大陸的形成是地球經過數億年大陸板塊運動的結果

　　總而言之，地球在將近 46 億年漫長的發展過程中，受到時間、天文、地質、大氣作用、物質轉變、生物演化等自然作用的影響，其整體環境是不斷地在改變。地質時間 (geologic time) 即是用來描述地球為一動態系統、隨時間改變的時間線，如圖 1-3。

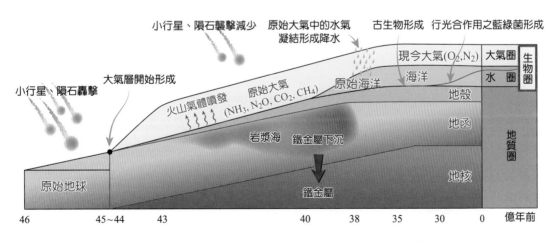

圖 1-3　地球大氣圈、水圈、地質圈、生物圈形成過程與演變時間表

1-2　人類的生活環境

　　根據化石的資料顯示，現今人類（智人，*Homo sapiens*）在地球上的生活應已超過 20 萬年了，但一直到距今的 1 萬年前才有原始部落的雛形。一旦開始群聚生活，人類文明的發展即突飛猛進，而所建構的人為環境與自然環境之間的差異性也越加明顯，尤其是在人口密集的都市環境，人類生存的物質環境 (physical environment) 儼然與自然環境隔離，但弔詭的是，我們仍需依賴自然環境的正常運作才能生存。

1-2-1　生活環境之構成要件

　　地球上生物存活的基本需求為水、空間、營養或能量來源。在自然環境中，生物每天的所作所為其實都是為了滿足這些需求。這些需求雖然不見得是隨手可得，但生物卻演化出不同的策略或方法來盡可能以最節省能量的方式獲取這些資源，並讓後代可以繁衍下去。除了滿足基本需求外，生物生存之道也包括趨吉避凶，即避免危害。所以，穩定、安全或對存活有利的環境也是生物所追求的。

1-2-2　人類生活的基本需求

　　現代人生活形態雖較其他生物複雜的多，但其生活基本需求卻無太大差異，如可用的水、可呼吸的空氣、居住空間、食物、安全的生存環境，再加上能支持日常生活所需的一些能源與基礎建設。人類生活品質的好壞，主要仍是依據上述這些需求的品質。

　　美國心理學家亞伯漢‧馬斯洛 (Abraham Maslow) 曾於 1950 年代提出人類需求層次理論 (hierarchy of needs)，並將需求分成生理需求、安全需求、社交需求、尊重需求和自我實現需求等由低至高的五類，且在較低層需求先被滿足後，才會產生下一層次的需求。由於低層次的需求（生理需求，也包括部分的安全需求）是物質層面，所以也必須要靠自然環境所提供物質資源或能源來加以滿足。依賴科技的發展與社會供需系統的建構與運作（經濟體系），多數已開發社會的物資供給已經都幾乎不成問題，但多數時候由於觀念或習慣之故，現代人通常會將想要 (wants) 視為需

求 (need)，進而為滿足個人物慾或太注重生活舒適而造成資源的浪費。除此之外，世界人口的增加也同時增加對資源的需求再加上發展中國家的生活水準提升，以及追求歐美社會富裕奢華的生活方式。因此，在需求增加而資源有限的狀況下，人類現在的運作體系終將面臨資源匱乏的問題。考古學家已經證實許多的社會或文明的消失，或多或少與環境的變遷以及資源的耗盡有關。

1-3　人類文明發展對環境的衝擊

美國社會學家傑瑞・戴蒙 (Jared M. Diamond) 在其 2005 年的著作－《大崩壞：社會如何選擇失敗或成功」》(Collapse: How Societies Choose to Fail or Succeed) 中以過去不同社會的衰亡探討人類的未來，其中復活節島[2](Easter Island) 即是一個完全因環境破壞而崩潰的社會，而中美洲的瑪雅文化衰亡也與環境惡化有關。位於柬埔寨的吳哥市曾經是工業革命前全世界最大的城市，但由於過度開發水資源，導致在氣候變遷、雨量銳減的情況下造成水源枯竭，而於 16 世紀末期成為廢城。由以上的例子可見，人類文明的發展與環境狀態息息相關。

❀ 1-3-1　人類文明的發展與全球化趨勢

文明發展至今，人類歷經兩次工業革命所帶來的科技發展突飛猛進，以及兩次農業革命，讓地球資源容易獲取以及世界糧食不虞匱乏的結果是：

1. 全球經濟規模前所未有。全球各地所總計的國內生產總值[3](gross domestic production, GDP) 已從 2001 年的 37 兆美元到 2022 年的 95 兆美元。

2. 全球人口 (global population) 達歷史高峰，且還在成長中。全球人口在 13 世紀的黑死病和 50 年代歐洲大飢荒時期後就不斷地增長，當時的世界約僅有 3.7 億人，但在 1960 年就突破了 30 億。接著在 1999 年，世界人口已超過 60 億，而在 2012 年更突破 70 億人，現今（2023 年）更已突破 80 億人。聯合國預估在 2050 年，將有超過 95 億人居住在地球上（圖 1-4）。未來人口的成長也將集中在較不重視環境相關問題的開發中國家。

3. 多數人口朝城鎮集中以求發展而造成都市化 (urbanization) 的現象，巨型都市（megacity，人口超過 1 千萬的大都市）也隨之產生並擴大。從 1800 年至今，世界人口增長了 6 倍，但都市人口卻增長了近 60 倍。聯合國預測全世界目前的 32 億都市人口在 2030 年將會增加到 50 億。在 1950 年時，紐約市是唯一的巨型都市，但目前全球已有 33 座（2012 年才 21 座），最大的是東京（都會區是 3 千 7 百萬人）。如今（2023 年）全球人口住在都市者已超過 56%。

4. 人與物資的流動頻繁，並透過便捷的交通運輸與電腦網路形成地球村。以海運為例，在過去的 40 年內，全球每年的海運量皆以平均約 3% 的幅度成長。在 1970 年的海運量僅為 26 億公噸，但 2014 年已將近 100 億公噸；2021 年更達 111 億公噸；而在空運方面，在過去的 30 年中，全球航空業務每年平均成長率亦達 5%。全球在 1980 年由航空公司所載運的旅客約為 7 億人次，但到 2017 年已突破 40 億人次，2019 年更達 45 億人次，雖然 2019 的年底發生全球新冠肺炎大流行，但截至目前（2023 年）已恢復至疫情前的 95% 水準。另外，全球使用網際網路的人數也已經在短短的 20 幾年當中，從 3.6 億人（2000 年）、24 億人（2012 年）到 2023 年的 52 億人，已占全球人口的 65%。

5. 不同社會文化的交流、融合、轉變，透過政治影響、全球經濟貿易的市場網絡產生全球化之現象。全球化 (globalization) 意指全球不同地域與國家之間的聯結不斷地增強。不僅人類生活在全球規模的基礎上發展，且國與國以及地區與地區之間在政治、經濟貿易上互相依存，而不同文化亦相互影響。全球化造成人類在生活形態與觀念、消費行為、糧食供應與安全、公共衛生、資源利用、能源使用等諸多方面的改變，同時產生許多正、負面的效應，但其在自然與資源加速消耗以及環境品質的衝擊卻令人擔憂。

　　現代人類的經濟發展在本質上其實是建立在能資源的消耗上。人類文明在短短的 150 年當中能進展得如此快速，主因雖然還是靠科技，但如果沒有能源，所有的科技就無法發揮其功效；而我們所使用的所有物品，其原物料皆由大地所提供，從食物到民生用品，從科技產品到建築材料。我們目前面許多政治、社會、經濟乃至於環境問題，其實都還是與能資源的使用有關連。

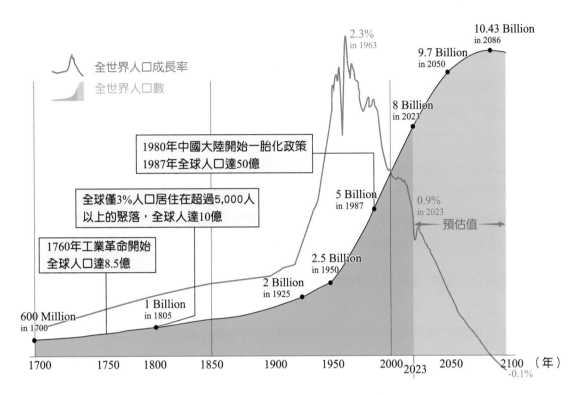

圖 1-4　全世界人口成長情形與未來預估

🍀 1-3-2　能資源的使用

　　人類目前所依賴的主要能源型態是屬於化石燃料（fossil fuel，包括煤、石油、天然氣，見第 3 章）。這些化石燃料其實是古代動植物的殘骸（故稱為化石燃料），而其所蘊藏的能量其實是來自於古代的陽光（太陽能）照射到地球而被儲存在這些生物體內（化學能）。但隨著經濟發展對能源需求的增加，人類所開採化石燃料的數量已大幅度地增加。以原油為例，全球的年產量已從 1970 年的 25 億公噸到 2022 年的 44 億公噸，而雖然對全球原油剩餘的蘊藏量有許多不同的看法，但一般皆認為僅有 50 年的開採期限。全球天然氣的生產量在近 20 年的開採速度更快，其在 1970 年的年產量約為 10 億立方公尺，到 1990 年為 19.9 億立方公尺，但到 2016 年時已達 36 億立方公尺，2022 年時更達 40.9 億立方公尺，而其全球蘊藏量也約僅剩 50 年的開採時間。全球的煤也在近年被加速地開採，在 1981 年時年產量為 38.4 億公噸，但到 2016 年時為 78 億公噸、2022 年更達 83 億公噸，而其全球蘊藏量則尚還有約

100 年的開採時間。上述所剩餘的開採時間端視於開採的速度，如果在未來因為人口增長導致需求速度的增加，則剩餘的開採時間當然會縮短（見第 3 章）。

物質資源也是有同樣的現象。舉例來說，稀土 (rare earth) 是含有 17 種稀有金屬的礦物資源，並被廣泛的應用於現今高科技的產品，是相當必須且重要的地質資源，故有工業維生素之稱；而之所以稱為「稀」，正是因為其相當稀有。中國大陸雖然並非是全球唯一有蘊藏稀土礦之處，但目前是全世界最大的生產國，占所有產量的 97%，不過其蘊藏量從 1996 年至今已少了 40%。其他國家並未積極開採的原因，也許有其不同考量，但資源有限是最主要原因。其他礦物的可開採年限因蘊藏量及開採速度而有異，但大多數都應不會超過 100 年（見第 3 章）。

人類的食物與營養來源也依賴不同的自然資源或環境所提供，例如農作物來自土地、水產來自水環境。除此之外，我們生活的其他物品也是藉由能量與科技將自然資源進行轉換而後再加以利用，例如塑膠與合成纖維來自石化業將石油煉解產物加工成不同的原物料後，再送到下游工業製成成品。

因此，評估人類對資源的使用狀況是社會發展相當重要的課題之一。加拿大學者威廉李斯 (William Rees) 於 1992 年提出生態足跡 [4](ecological footprint) 的概念來衡量人類對環境資源之消耗（或需求）。其基本概念是：只要有任何物質或能源被消費，就必須要從一個或數個生態系中提供一些土地以提供與這些消費有關的資源或廢棄物分解功能，包括農耕地、畜牧草地、森林、建地、漁獲地、二氧化碳吸收所需土地等。

經生態足跡的分析方法所計算出的區域大小是利用提供人類消耗生態服務（第 2 章）的全球平均生產力加總而成，故單位為全球公頃 (global hector)。

由於每個地區或國家的生活形態的差異，使其所消耗的資源不同，故所計算出的生態足跡亦有高低。該地區的生態足跡越大，其對環境產生的壓力也越大。如果再將該地區的「生物承載量」（biological capacity，意指每個國家或地區可提供相關資源的土地）加以比較，我們就可以了解該地區的資源消耗是否過大。如圖 1-5 顯示全球平均每人的資源消耗情形（即需求，以生態足跡表示）約從 1970 開始已經超過地球可提供（即供給，以生物承載量表示）的了，而此超負荷 (overshot) 或赤字 (deficiet) 的現象是越來越嚴重。

　　換言之，人類的生活已經從消耗地球長久所累積資源的本金所產生的盈餘，轉變到將盈餘耗盡並開始耗損本金了。更值得一提的是，全球大部分的自然資源 (80%) 僅由少數的人類（占全球總人口的 20%）所使用。部分落後地區的居民生活貧困，而自然資源無法被有效地運用以提升他們的生活品質（低生態足跡，但高生物承載量）。反觀許多現代化、高生活水準國家其資源消耗相對較多，但其環境資源因過度開發卻可能相對地有限（高生態足跡，但低生物承載量），而這些國家必須進而去消耗其他落後地區的資源。

　　無論區域性的差異如何？科學家曾估計在 2017 年時，全球對資源的需求已達 1.7 個地球所能提供的，即當年全球人口已使用 170% 的生物承載量，而如果依未來的人口與各地區經濟成長趨勢以及生活型態的改變來推估，在 2050 年時將更達將近 3 個地球的生態足跡。

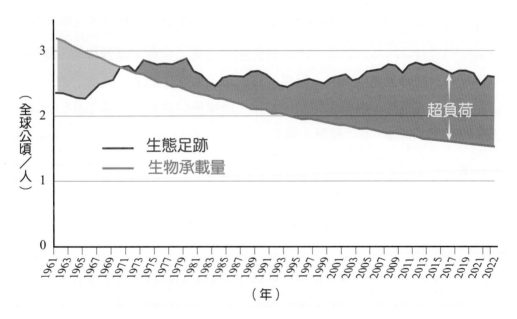

圖 1-5　全球每人平均生物承載量與生態足跡的歷年變化情形（單位是全球公頃／人）

　　不論人類生活的型態為何？我們都需要環境提供給我們物資與能源，但同時也讓人類的發展面臨兩個很重要的問題。第一，資源是有限的；第二，開採資源對環境造成的影響，而這些影響不僅衝擊到我們的生活，更讓環境資源加速的減少。

✿ 1-3-3　人類活動對現今環境的衝擊與改變

　　由於人類在短短的近 100 年內（相較於開始有生命的 35 億年，或者是開始有人類的 20 萬年）大量的使用自然資源，已經讓地球的面貌有大幅度的改變。以大氣層為例，因為人類大量使用化石燃料造成二氧化碳 (CO_2) 在大氣中的濃度已經比第一次工業革命之前增加了約 50%，也導致更多來自太陽的熱能被留置在大氣層內，並逐漸地增加的地表溫度，進而產生全球整體環境的大變動（見第 4 章）。

　　在開採這些自然資源的同時，必定伴隨海陸環境的改變。例如全球的原始林在 21 世紀的初期已較 15 世紀前減少至少 75% 以上，大多已轉變為農地，而目前在一些開發中地區的森林面積仍以每年 2% 的速度在縮減中。當這些地區的土地改變時，發生在其上的自然作用也跟著改變，包括氧氣與二氧化碳在大氣層的平衡、生物相的消長、土壤侵蝕與流失、水的流動與循環、地區的空氣淨化…等，並衍生出其他的環境問題（見第 3、4 章），甚至增加天然災害的發生與危害程度（見第 6 章）。

　　汙染是開發資源的必然結果，因為資源在使用前一定會先經過提取、精煉等過程以取得原料，同時也產生剩餘、無用的廢料以及廢水、廢氣。除此之外，汙染也會來自產品的製成過程、農業化學品的使用、廢棄物的處理、交通工具的廢氣、民生或工業的廢汙水排放…等（見第 5 章）。

　　人類生活的空間與方式因為發展以及人口增長也產生許多的轉變，包括土地的利用與擴張、糧食的需求、消費與休憩行為、人口流動、居住環境與品質等，而這些轉變也牽動著經濟與社會等兩方面的發展，同時產生對整體環境的壓力及對自然空間的壓擠（見第 2 章）。

　　上述的一些問題可能又會導致對人類健康或福祉的衝擊（見第 7 章）。例如：全球暖化導致水資源的匱乏而引起乾旱地區的糧食供給問題、傳染病發生、經濟與社會不穩定；有毒的廢料造成水的汙染進而影響飲用水的品質或部分的汙染物蓄積於魚體內，最終導致人體疾病的產生；自然環境惡化導致生物的滅絕與生物多樣性的衰減使許多天然藥物因此消失，並抑制人類醫療技術的發展。因此在本質上，環境問題其實就是民生問題。人類文明要繼續在地球上發展下去，在觀念上就必須要有很大的轉變。

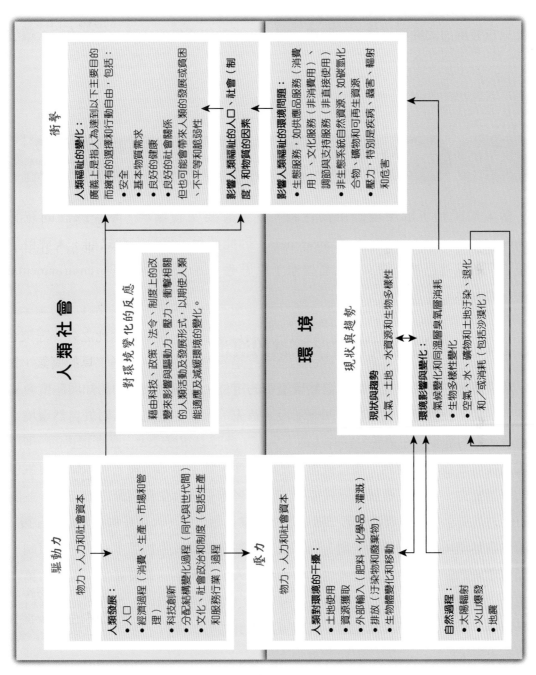

圖 1-6　環境與人類社會發展之關連性

　　觀念的改變將會帶來我們對待環境的態度與作法的變革。聯合國採用圖 1-6 的架構來探討人類社會與環境的關連性及問題，並透過此架構的分析來訂定人類未來發展的策略。此圖亦很明確指出人類的福祉與環境是息息相關、不可割離的。我們不能只求發展而罔顧環境健康的敗壞，而人類活動的運作模式勢必改變才能永續發展。

1-4　環境保護與永續發展

　　當人類開始了解環境的重要性時，就會想要保護環境。環境保護的意識（environmental consciousness 或 awareness）因此萌生，但早在此之前，人與自然環境之間的關連已被不同文化的哲學家予以思考。這也是環境倫理 (environmental ethics) 的由來。

1.4.1　環境倫理與環保意識的演進

　　環境倫理主要在探究人類在自然環境中的定位。人類對環境的認知與態度會隨著時代演變，我們可歸納出歷經四個階段。首先，人類生活完全依附於自然環境，並隨著演化的腳步，在適者生存的法則下生存。此時必須接受大自然所提供的一切，形成屈從自然並尊敬自然，甚至畏懼自然的態度。到了第二階段，人類藉著與生俱來的學習能力，逐漸地發展不同技能與工具以尋求更適合生存與繁衍的方式，並開始有能力改造小規模的環境。第三階段是指工業革命之後，人類在科技大幅躍升後，其改造自然環境的能力突然倍增，同時也突破許多環境或生物體本身的一些限制。人類與環境的關係也從「順天者生」演進到「人定勝天」，並發展出「人類為萬物之主宰」、以人類為中心的思想。人類發展現已進入第四階段，我們開始了解科技不是萬能，而自然是以複雜且超乎人類可以理解的方式運行，如果犧牲環境，人類就沒有未來。

　　但不是只有現代人才在思考環境的問題或談論環境保護。中國古人的環境智慧如莊子：「天地與我並生，萬物與我為一」、宋明儒者：「仁者以天地萬物為一體」

闡明人類屬於大自然的其中一部分的思想；儒家：「取物不盡物」；孟子：「不違農時，穀不可勝食也；數罟不入池，魚鱉不可勝食也；斧斤以時入山林，材木不可勝用也。」、「春耕、夏耘、秋收、冬藏，四者不失時，故五穀不絕，而百姓有餘食也；汙池淵沼川澤，謹其時禁，故魚鱉優多，而百姓有餘用也；斬伐養長不失其時，故山林不童，而百姓有餘材也。」皆說明自然規律與環境資源有限的概念。中庸所提及「萬物並育而不相害，道並行而不相悖」更闡明最基本的自然系統運作法則。

西方社會亦有其典範。美國政府在 1851 年拓展其領土至北美洲西北區時，欲以 15 萬美元向當地居住之印地安部落買下位於現今華盛頓州普傑峽灣 (Puget Sound) 的 2 百萬英畝土地。當時，索瓜米希族 (Suquamish) 的西雅圖酋長 (Chief Seattle) 發表了一篇動人與意味深遠的聲明，並被公認是西方環境保育上極重要的一份文件。其中："…… How can you buy or sell the sky, the warmth of the land? The idea is strange to us. If we do not own the freshness of the air and the sparkle of the water, how can you buy them? Every part of the Earth is sacred to my people. Every shining pine needle, every sandy shore, every mist in the dark woods, every clear and humming insect is holy in the memory and experience of my people. The sap which courses through the trees carries the memory of red man ……"（你怎麼能夠買賣蒼穹與土地的溫馨？我們覺得這種想法很奇怪。如果我們並不擁有空氣的清新與流水的光彩，你們要如何買下它們？對我的人民而言，大地的每一部分都是神聖的。每一根閃亮的松針、每一處沙灘、每一片密林中的薄霧、每一隻嗡嗡作響的昆蟲，在我人民的記憶與經驗中都是神聖的。樹中流動著的汁液，攜帶著紅人的記憶。）被世人引用無數次。其內容闡明他們的信仰就是：人類是大自然的一部分。

美國哲學家亨利・梭羅 (Henry Thoreau) 的《湖濱散記 (Walden: Life in the Wood, 1854)》記載自己在瓦爾登湖的隱逸生活，其中並有對自然環境的省思，如："……I went to the woods because I wished to live deliberately, to front only the essential facts of life, and see if I could not learn what it had to teach, and not, when I came to die, discover that I had not lived……"（我步入叢林，因為我希望刻意的去體驗，去面對生命中所有的精要，然後從中學習，以免讓我在生命終結時，卻發現自己從來沒有活過。）梭羅的全部著書、散文、日記和詩等作品合計超過 20 冊，其中許多包含了他研究環境演變和生態學的發現，不僅影響現代人的對自然寫作

的方式，同時啟蒙了現代環保主義 (environmentalism) 的先鋒－瑞秋卡森 (Rachel Carson)。同時也是海洋生態學家與作家的卡森女士於 1962 發表了《寂靜的春天》(Silent Spring) 一書闡述了當時社會對殺蟲劑的濫用與對環境的破壞。此書也導致惡名昭彰的 DDT 的禁用（見第 2 章）。

現代探討的環境倫理範疇更為廣闊，通常包含三個基本方向，分別是尊重自然、環境正義與世代公平。環境正義 (environmental justice) 主要是探討環境議題上的社會正義問題，如弱勢族群的生存與環境權、社會資源分配等的權利與公平性問題。世代公平的主要概念是每一代應要維護由上一代傳接得到的自然資源，使其留給下一代時，以確保每一個人的發展機會是公平的。此概念也萌生在 20 世紀末最重要的人類文明發展的觀念，即永續發展 (sustainable development)。

❀ 1-4-2　永續發展的意義與重要性

永續 (sustain) 一詞來自於拉丁語 sustenere，意思是持續下去。針對資源與環境，則可以解釋為保持或延長資源的生產使用性和資源基礎的完整性，使自然資源能夠永遠為人類所利用，不會因耗竭而影響後代人類的生產與生活。有鑑於對環境問題的嚴重性，聯合國在 1972 年於瑞典斯德哥爾摩召開「人類環境會議」(Human Environment Conference)，這是全球第一個環境會議，並發表了《人類環境宣言》(Declaration of the UN Conference on the Human Environment)，呼籲全球合力保護環境與資源。1980 年國際自然保育聯盟、聯合國環境署、世界野生動物基金會在所制定發布的《世界保育方案》中亦提出永續發展的理念。

1984 年，世界環境與發展委員會（World Commission on Environment and Development, WCED，因該次會議主席為挪威前首相布德蘭德夫人，故又稱布德蘭德委員會，Bruntland commission）召開第一次會議。一群由國際間環境與社會發展議題的專家以及政府官員所組成的工作小組在經過兩年多的研究與審議，於 1987 年出版了《我們共同的未來》(Our Common Future)。在該報告中將永續發展定義為「滿足當代的需求，而同時不損及後代子孫滿足其本身需求之發展」(the needs of the present without compromising the ability of future generations to meet their own needs)。此定義是目前國際上最被廣泛引用及被官方所採用的，其核心思想是健康的

經濟發展應建立在生態永續能力、社會公正和人民積極參與自身發展決策的基礎上；所追求的目標是使人類的各種須求得到滿足，個人得到充分發展，而這些都必須建立在保護資源和生態環境，不對後代子孫的生存和發展構成威脅上。

上述永續發展的定義有兩個重要的意涵，一是資源的利用發展是以滿足人類的需求（非想要的），亦非以環境保護為訴求；另一者是強調「公平性」，包含確保同世代間的公平性，與世代內的公平性，後者特別強調對經濟或社會地位相對弱勢者的照顧，使世界上資源的使用能適切地分配給貧困者。

人類社會的發展是以環境的條件與基礎而展開，而經濟活動又是依存於社會系統之內，因此，永續發展也須建立在環境、社會與經濟三個面向，且形成相互依賴的關係上。經濟永續強調經濟的多元性與和環境的相容性，環境永續強調健康的生態系統與生物多樣性，而社會永續則強調社會正義與公平性。永續發展的目標是希望人類的發展需求與自然資源與生態系統的保育上取得巧妙的平衡，特別是生產與消費、生態與經濟、發展與保育上的動態平衡。

有些學者以三個 E 來說明永續發展的目標：公平 (equality)、經濟 (economy) 和生態學 (ecology)，這也呼應了與永續發展的三個面向。在生態環境上必須不破壞生態的功能（如環境稀釋廢棄物的能力）、維持環境的美以及資源的保育；經濟目標則是能達成永續的成長，特別著重經濟效率，包含生產效率與分配效率，在開發時能將環境的成本降至最低同時使用效能提到最高。在社會的目標上最重要的是能達成世代間與世代內資源分配的公平性與凝聚社會意識。

雖然在 20 世紀末，人類意識到環境影響發展，但在實踐的速度上仍遠不及環境敗壞與資源消耗的速度，直到 1992 年的第一屆地球高峰會 (Earth Summit) 才有較具體的方向與準則。地球高峰會又稱聯合國環境與發展會議 (The United Nations Conference on Environment and Development, UNCED) 或里約高峰會（Rio Summit，因在巴西的里約熱內盧 Rio de Janeiro 舉行）。當時總計有 172 國家參會，其中有 108 國是由國家元首或政府首長代表參加。這次會議所代表的意義是全球各地開始真正地重視環境問題也願意面對與投入相關工作。地球高峰會簽署的重要文件包括：

1. 里約環境發展宣言 (Rio Declaration)。

2. 21 世紀議程 (Agenda 21)。

3. 生物多樣性公約 (Convention on Biological Diversity)。

4. 森林原則 (Forest Principle)。

5. 聯合國氣候變化框架公約 (United Nations Framework Convention on Climate Change)。

其中「生物多樣性公約」和「氣候變化公約框架」兩者皆是具法律拘束力之協議，後者亦是本次會議的最重要成就之一，並促成了各國針對暖化與氣候變遷之議題的最重要國際協定－《京都議定書》的簽署（見第 4 章）。另外，「21 世紀議程」更是人類文明進入 21 世紀要永續發展的工程藍圖，其執行結果將會直接衝擊人類的未來。聯合國並每十年舉辦一次地球高峰會以檢討各國、地區、組織對「21 世紀議程」的執行與環境問題的改善狀況，以及提出未來因應不同議題的規劃與作法，至今已另外舉辦了三次相關會議，分別在約翰尼斯堡（2002, Rio + 10，或稱永續發展世界高峰會 World Summit on Sustainable Development）、里約日內盧（2012, Rio + 20，或稱聯合國永續發展會議 United Nations Conference on Sustainable Development）、斯德哥爾摩 (2022, Stockholm+50)；另聯合國也更於 2015 年提出《翻轉我們的世界：2030 年永續發展方針》，並針對經濟、社會及環境保護三大面向加以訂定 17 項永續發展目標 (Sustainable Development Goals, SDGs)，取代其原訂定於 2015 年到期的千禧年目標 (Millennium Development Goals, MDG)，其實施期間為 2016~2030 年，藉此引領包括政府、地方政府、企業、民間團體等行動，期盼在未來 15 年間共同創建「每個國家都實現持久、包容和永續的經濟增長和每人都有合宜工作」的世界。17 項永續發展目標如下：

1. 消除各地一切形式的貧窮。

2. 消除飢餓，達成糧食安全，改善營養及促進永續農業。

3. 確保健康及促進各年齡層的福祉。

4. 確保有教無類、公平以及高品質的教育，及提倡學習。

5. 實現男女平等，並賦予婦女權力。

6. 確保所有人都能享有水及衛生及其永續管理。

7. 確保所有的人都可取得負擔得起、可靠的、永續的，及現代的能源。

8. 促進包容且永續的經濟成長，達到全面且有生產力的就業，讓每一個人都有一份好工作。

9. 建立具有韌性的基礎建設，促進包容且永續的產業發展，並加速創新。

10. 減少國內及國家間不平等。

11. 促使城市與人類居住具包容、安全、韌性及永續性。

12. 確保永續消費及生產模式。

13. 採取緊急措施以因應氣候變遷及其影響。

14. 保育及永續利用海洋與海洋資源，以確保永續發展。

15. 保護、維護及促進陸域生態系統的永續使用，永續的管理森林，對抗沙漠化，終止及逆轉土地劣化，並遏止生物多樣性的喪失。

16. 促進和平且包容的社會，以落實永續發展；提供司法管道給所有人；在所有階層建立有效的、負責的且包容的制度。

17. 強化永續發展執行方法及活化永續發展全球夥伴關係。

　　「人與環境的關係」在文明邁進的腳步中仍持續地演變著。今日的環境問題就是在這種歷史的轉動中逐漸顯現。工業化社會的特色是大量的生產、大量的消費、和大量的製造廢棄物。整個過程是大量的利用自然資源，不考慮生態平衡的問題。因此人從環境中累積得到的環境經驗法則為自然資源能取則取，進行全面性開發和無盡的利用。人類在歷史、文化發展中，也自以為是的推導出許多違背自然法則的經濟學理論，發展出「貨惡其棄於地也」、「最短回收期」、「最大化」、「經濟領先」、「高科技」、「降低成本鼓勵生產」、「促進消費」等許多支持揮霍資源、放縱消費的行為。科技發展缺少了整體自然生態共存共榮的自我規範，資源和環境的利用也就沒有了限制。在這種發展之下，被改變了的地球環境將逐漸變得無法再支持人類的生存。

　　人類畢竟是地球上最有智慧的動物，我們也許會找到出路，但是許多的證據顯示，時間並非站在人類這邊，我們還來得及挽回日漸惡化的環境嗎？

註 解

1. 盤古大陸：指在古生代至中生代期間所形成的一整塊陸地，是由提出大陸漂移學說的德國地質學家阿爾弗雷德魏格納 (Alfred Lothar Wegener) 所命名。

2. 復活節島：或稱為伊斯特島，是南太平洋中一個島嶼，位於智利以西外海約 3,600 公里處，是世界上最與世隔絕的島嶼之一。該島以著名的面海、巨大的摩艾石像吸引全球觀光客，目前居住人口約 2,000~3,000 人。

3. 國內生產總值：亦稱國內生產毛額，即一國家一年內所生產產品（包括勞務）的市場總價，是計算國民收入重要數據。

4. 聯合國環境規劃署將「生態足跡」定義為「環境需求面積」。

習題與討論 EXERCISE

一、選擇題

(   ) 1. 在地球表面上大多自然作用的驅動力（能量）都來自於？　(A) 太陽　(B) 月亮　(C) 地心　(D) 海洋。

(   ) 2. 地球整體環境可區分不同系統，包括水圈、地質圈、大氣圈以及？　(A) 生物圈　(B) 地心圈　(C) 太空圈　(D) 能量圈。

(   ) 3. 美國心理學家馬斯洛的人類需求層次理論的最低階需求且需先被滿足的是？　(A) 生理需求　(B) 安全需求　(C) 社交需求　(D) 尊重需求　(E) 自我實現需求。

(   ) 4. 人類文明發展至今的結果不包括？　(A) 全球經濟規模前所未有　(B) 全球人口達最高峰　(C) 每個人的基本需求都能被滿足　(D) 能資源的消耗最多。

(   ) 5. 對生態足跡的敘述何者有誤？　(A) 可衡量人類對環境資源之消耗　(B) 單位是全球公頃　(C) 包含人類所排放碳量的多少　(D) 大於生物承載量則表示消耗過多。

(   ) 6. 下列何者是對環境產生壓力的驅動力？　(A) 汙染　(B) 人口　(C) 土地的利用與取得　(D) 物資的採取。

(   ) 7. 撰寫湖濱散記的是？　(A) 亨利梭羅　(B) 瑞喬卡森　(C) 西雅圖酋長　(D) 高爾。

(   ) 8. 聯合國在 20 世紀末所召開對人類永續發展的最重要會議是？　(A) 大西洋公約會議　(B) 地球高峰會　(C) 世界和平會議　(D) 地球溫室變遷會議。

(   ) 9. 永續發展的目標包含三個 E，是指公平 (equality)、經濟 (economy) 和哪一項？　(A) 效率 (efficiency)　(B) 效應 (effective)　(C) 選擇性 (elective)　(D) 生態學 (ecology)。

(   ) 10. 地球資源將會不足的真正背後原因是？　(A) 人類想要的遠大於需要的　(B) 資源本就是非常稀少　(C) 人口太多　(D) 能資源使用的方法不對。

二、問答題

1. 簡述人類活動對地球整體環境最基本的衝擊為何？

2. 舉例說明地球上生命與物質之間如何互相影響？

3. 簡述現代人類文明的發展為何無法永續的理由為何？

4. 何謂生態足跡？

5. 簡述人類文明的環境保護意識是如何產生？

6. 何謂永續發展？又對人類文明的發展有何重要性？

參考資料 REFERENCES

1. 全球足跡網絡 (Global Footprint Network)，2010， 生態足跡地圖 (Ecological Footprint Atlas 2010)。

2. 亞伯拉罕馬斯洛，1943，人類需求層次理論 (hierarchy of needs)。

3. 傑瑞戴蒙，2006，大崩壞：社會如何選擇失敗或成功 (Collapse: How Societies Choose to Fail or Succeed)，時報出版社。

4. 聯合國環境規劃署，1992，21 世紀議程。

5. 聯合國環境規劃署，2007，全球環境展望 GEO 4。

6. 聯合國環境規劃署，2012，全球環境展望 GEO 5。

7. 聯合國環境規劃署，2019，全球環境展望 GEO 6。

8. Fred Hageneder, 2022, Healthy planet: Global meltdown or global healing, Moon Books Publisher

memo

Environment and *Life*

生態環境與生活 02

你有想過呼吸空氣要錢嗎？根據統計，健康成年男性的最大攝入空氣量約為 2.5~3.5 L/min。若以每分鐘 3L 計算，成年男性一天攝入空氣量約 4,320L(4.3m³)。若以 1.5 m³ 空氣氣瓶約 800 元（新臺幣）來計，一個成年人一日呼吸就需花費到 2,000 元左右。你是否有想過你呼吸的氧氣怎麼來的？這個費用又是誰付的呢？事實上，許多人都知道我們呼吸的氧氣是綠色植物利用二氧化碳 (carbon dioxide, CO_2) 與陽光行光合作用產生葡萄糖後的副產物。所以，在地球上的綠色植物每天就提供我們每人 2,000 元左右的氧氣，若以世界上共 60 億人來算，地球提供氧氣的費用就高達 12 萬兆元。反觀，如果我們大量的砍伐森林，使得綠色植物產生氧氣的能力下降，最後可能造成我們呼吸也要花費才可以得到足夠的氧氣。地球環境提供給我們的除了氧氣外，還有水、食物及溫度的調節等多項功能，這系列的功能我們就稱為生態系統服務 (ecosystem service)。若地球環境受到人為破壞而喪失原本的服務功能，地球上的人們要享有這項服務所需的花費將是非常龐大的費用。

2-1　生態系統與自然環境

　　人類生活與自然環境息息相關密不可分。生態系統 (ecosystem) 的維持與穩定，影響自然環境的變化。不論是一個簡單的或複雜的生態系統，就像人類定義的其他系統一樣，可將其區分為不同的層級以利於研究工作的進行。就如同一個國家可細分為省、縣、市、鎮等不同行政層級一樣，一個生態系統也可分不同的層級。生態學家將生態系統以下的層級分為群落 (community)、族群 (population)、以及生物個體 (individual Organism)。群落在生態學 (ecology) 中是指所有生活在同一個特定區域內的不同族群生物的總集合；而族群則是指生活在某特定地區內同種可互相交配的生物體的總集合。而生物個體則是在一生態系統中的最小單元。

　　生物為何會存在於這裡？它們又如何存在於這裡？這是環境科學中重要的討論議題。生物的生存除了外在陽光、土壤及水等非生物的因子外，同時也與其他生物

間有著密不可分的交互關係。生物間的交互關係可以依據生物扮演的角色將它們分成生產者 (producer)、消費者 (consumer) 及分解者 (decomposer)。生產者包括植物和某些細菌，它們利用太陽能（植物）或化學能（細菌）將環境中所得之簡單無機化合物，如二氧化碳和水，轉變成複雜之有機化合物，如葡萄糖。植物含有一種或多種色素，如葉綠素，可以吸收太陽能中的某些波長，透過光合作用結合二氧化碳和水，產生葡萄糖和氧氣，因此它們可以用太陽能或化學能來合成生長所需的有機養分。直接或間接以生產者為食的生物稱為消費者，因為它們不能製造生長所需的有機養分，且必須依靠其他動植物為生。分解者主要分解生態系中大多數的生物廢棄物及屍體，並將這類物質分解成為簡單物質，再讓其他生物運用。這些形形色色的生物形成一個生物間的網絡，彼此間相互依存密不可分。生態系統中的生物在該系統中扮演不同的角色，而物質環境 (physical environment) 即為其活動的舞台，但不可否認的是，物質也是生物必須仰賴的必須元素。物質環境是指在環境當中所有非生命的物質以及生存條件或狀況的總稱，包括屬於化學因子的水、空氣、礦物質…等，以及物理因子的光、熱、溫度…等。這些因子之間會相互影響，也同時構成了生物四周的氣候狀況、水體或土壤環境，以及生存與繁衍的條件。因此，生物（生態系統中的生命部分）與物質環境（生態系統中的非生命部分）彼此之間的關係並非如前述的如此單純，而是一種唇齒相依，互相影響的。現今我們所生存的自然環境，事實上也是經由地球上的生命與其環境在經過數億至數十億年互動後所產生的結果。例如現今大氣中的 21% 含氧量是因為早期的低等生物演化出可行光合作用物種（藍綠菌及之後的藻類）的結果；而在較穩定的大氣層形成後，也使得水中生物因而免於受到強烈紫外線的威脅，而得以登陸發展出更多樣化的生物。

其實多樣化的生態環境不只是給我們生存的環境，也讓我們得以窺視地球的全貌。儘管我們對機器與科技的依賴與日俱增，但重回大自然懷抱的情懷似乎是存在於我們的基因裡並隨時伺機啟動，我們對大自然的關愛一直都是人類心靈中一股強大的力量，且無法被抹滅的。雖然都市化將人類與自然環境越分越開，但我們對它的渴望與關切卻越來越深。

🍀 2-1-1　物質循環

　　自然環境因為有物質的循環才能生生不息。物質環境支持生命，並與生命共同組合成現今的自然環境。太陽能量透過光合作用進入生態系統，接著由呼吸作用傳遞到不同食物鏈之階層，同時推動生態系統之物質循環作用，其中的主要元素為碳 (C)。生命亦需其他元素如：氮 (N)、磷 (P)、硫 (S)、氧 (O)、碘 (I)、鐵 (Fe) 等。在一般的情形下，上述以及其他的物質在生物體及環境之間循環，並不斷地被利用、轉變、傳輸、沉積或累積儲存在不同的環境庫 (reservoir) 中。這些過程我們統稱為生物地質化學循環 (biogeochemical cycle)。而不同的物質則在水圈、地質圈、大氣圈、生物圈之間流動不已（見第 1 章）。因此有氮循環、氧循環、水循環、硫循環、磷循環…等。這些循環也許是需歷經數以萬年至百萬年才能形成一互相牽制、影響但穩定的狀態。

　　對生物而言，其中則以碳元素最為重要，因為地球上的生物是以碳為基礎，而碳與氫以及其他元素在體內形成不同的有機物 (organics)[1] 來構成生物體 (organism)。

一、碳循環 (carbon cycle)

　　碳元素在大氣中主要是以二氧化碳的形式存在；二氧化碳若溶於水則形成碳酸，並與一些金屬形成沉澱物進而形成生物體的外殼（如珊瑚礁）或岩石（圖 2-1）。人類近兩百年的活動，已經破壞原本自然系統所產生的碳循環的恆定狀態。舉例而言，人類大量燃燒化石燃料（石油、煤、天然氣）的結果將儲存於地殼中的大量有機碳轉換為二氧化碳，而蓄積於大氣中，然而這些二氧化碳卻無法被海洋或光合作用植物即時的吸收並進一步的被轉換為有機碳。因此，大氣中二氧化碳的含量在這一百年當中已從 0.028%(280ppm) 提升至目前的 0.042%(415ppm)，也因此造成全球暖化及氣候變遷的問題（見第 4 章）。

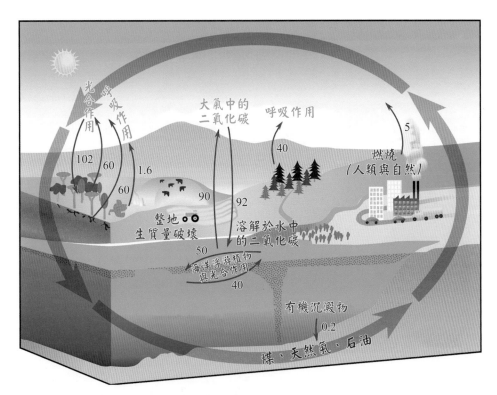

圖 2-1　碳循環。數字顯示碳流通量，單位是 10 億噸／年。

二、氮循環 (nitrogen cycle)

即使空氣中氮氣 (nitrogen gas, N_2) 占了 78%，而氮元素也是生物體中蛋白質及核酸主要的化學元素，但是絕大部分的生物不能直接使用氮氣。所以氮是經由固氮菌等具有固氮作用 (nitrogen fixation) 的生物，使氮元素從物質環境進入生命世界，轉換成含氮的化合物，以供給植物及其他生物體合成蛋白質之用。接下來，動物會攝食植物，將植物內的含氮物質變成動物所需的胺基酸及蛋白質，氮元素因而進入動物體內。最後氮再經由生物排泄物或遺體的分解透過硝化作用 (nitrification)[2] 及脫氮作用 (denitrification)[3] 再形成氮氣後回到大氣中（圖 2-2）。

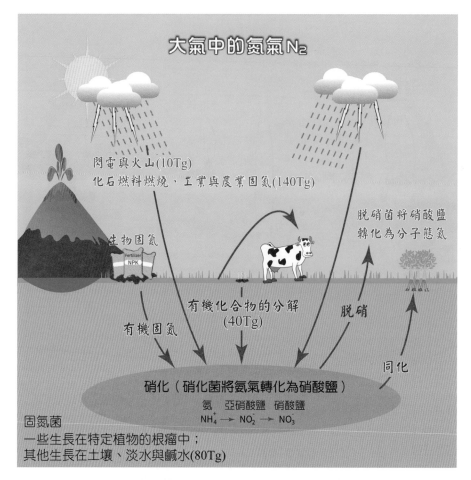

圖 2-2　氮循環。目前人類對氮固定（將分子氮轉化為氨或銨）的貢獻，約高於自然界 50%。細菌將氨氣轉化為硝酸鹽，植物再將其合成有機氮。最後，氮貯存於沉積物中或轉化為氮氣（氮流通量單位為 Tg ／年，1 Tg =10^{12} g）。

三、磷循環 (phosphorus cycle)

　　磷主要為生物體內細胞膜、核酸及能量轉換重要的元素。磷的自然移動相當輕微，包括生態系統的循環或是含磷岩石的沖蝕或沉積。自然界的磷循環的基本過程是，岩石和土壤中的磷酸鹽由於風化和淋溶作用進入河流，然後傳輸至海洋並沉積於海底，直到地質活動使它們曝露於水面，再次參加循環。這一循環通常需若干萬年才能完成（圖 2-3）。人類開採磷礦石，製造和使用磷肥、農藥和洗滌劑，以及排放含磷的工業廢水和生活汙水，都對自然界的磷循環發生影響。

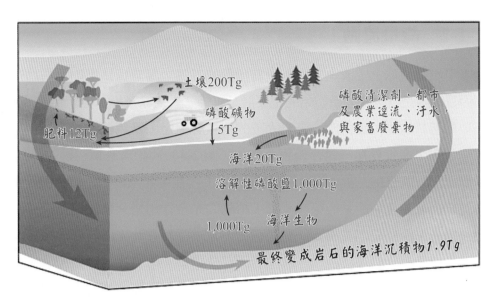

圖 2-3 磷循環。磷的自然移動相當輕微，包括生態系統的循環或是含磷岩石的沖蝕或沉積。（磷流通單位為 Tg ／年，1 Tg =10^{12} g）。

四、水文循環

　　藉由太陽能與重力的驅動，水不斷地在水體、大氣與陸地間移動。當水在地球中移動時，將會在氣態、固態和液態等，三種狀態中不斷轉變。

　　地球中的總水量約為 $1.37×10^9$ km^3，其中已包含海水量占 97.6%。儘管水在水循環中不斷改變，但地球的總水量基本不變。水是地球上生命的起源，也是支持生命的必須化合物之一。沒有水就沒有生物，因此，科學家尋找地球以外的星球是否有生命的證據也是觀察水是否存在。不同種類的生物體內皆含有不等量的水分，例如人體即有 65% 是水，而水母體內的水分可占其體重的 90% 以上。每種生物對水的需求皆不盡相同，有些必須身處水中，有些則可生活在極度乾旱的環境而僅需極少量的水即可存活。雖然地表面積有 70% 為水所覆蓋，但是人類可用的水卻是非常少，因為我們必須仰賴淡水，而絕大部分的淡水不是在南北兩極以固態冰存在，就是降雨在人煙稀少的地區而無法有效的利用（見第 3 章）。近年來地球人口的急速成長，再加上水資源的過度開發以及汙染，我們對水的需求會越來越緊迫，而對水源爭奪的戰爭也早已在全球各地區展開。因此，水資源的管理將是未來環境問題的焦點所在。

🍀 2-1-2　能量流動

　　能量可說是地球上（或全宇宙）所有活動的基礎，同時也是推動生物地質化學循環的力量。陽光為地球上最初始的主要能量來源。生物除了極少數生活在深海外，其所需要的能量均由太陽供應。來自太陽的能量必須經由綠色植物的光合作用所捕捉，才能進入生命世界裡，儲存於生命體內（圖 2-4）。並透過食物鏈 (food chain) 將能量以物質的形態在生態系統中傳遞（圖 2-5）。在生態系統中，植物獲取光能為其所屬系統自外界得到能量的第一步驟。植物的光合作用是利用光的能量將二氧化碳轉換為醣類，而醣類則可視為一種濃縮的能量。當然在此光能轉變為生物能過程中，並非所有能量皆能被轉換的，其中有大部分是以熱的方式被耗散掉。當食草性動物攝取植物時，儲存於植物的生物能則再藉由呼吸作用進一步的進入到食物鏈下一層的生物中，而能量在每一階層的傳遞時則不斷的減少或耗散，此過程即為能量在一生態系統的流動。此能量的流動與前述的物質循環在系統中是相伴相隨的，但物質遵守不滅法則且一再的被使用或儲存下，能量是逐漸的消散而非消失。越往食物鏈的上層（高級消費者），其所蘊藏的總能量則越少。當生物死亡時，這些蘊含於其體內的能量（以物質的型態）則進入到分解者（呼吸作用）或者以熱的方式回歸大自然。食物鏈與生物體的餵食有關，在生態系統中，當掠食者捕食一種以上的生物體而形成食物網（food web，圖 2-5）時，食物鏈就會變得錯綜複雜，但系統也較穩定。總括而言，在地球上除了一些如海底火山口等特殊的環境外，一般生態系統的能量流動是源於太陽。陽光使生物生命得以延續下去，也同時造成物質環境的變化（如氣候、溫度的差異）來產生多樣化的生態系統。

圖 2-4　太陽供給地球能量。太陽如同機器的主軸，透過陽光、引力等不同能量形式，帶動地球上幾乎所有的活動及生命演化。

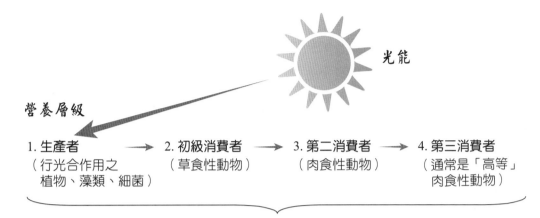

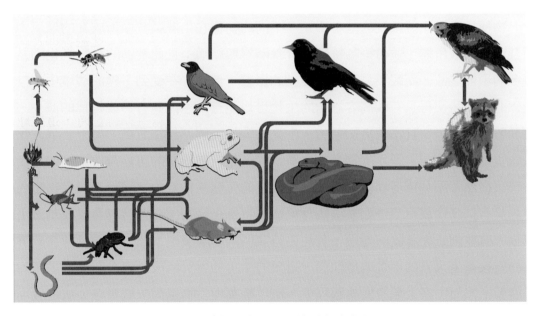

圖 2-5　食物鏈的能量傳遞與食物網

🍀 2-1-3　生物多樣性

　　生物多樣性 (biodiversity) 一詞是在 1986 年才被提出，為 biological diversity 的簡稱，又稱物種岐異度，是生物學及生態學中常提的概念。簡單來說，是指地球上的生命種類繁多及多樣，其相互交替影響使地球上的生態系統得到平衡。生物多樣性包括生態系多樣性、物種多樣性及基因多樣性三個層次。第一個層次是生態系多樣性，簡單來說就是生物居住環境的多樣性，也就是說假若我們環境中擁有越多不

同的居所，擁有的物種也會越多；第二個層次為構成任一生態系中生物群聚的各式各樣的物種；第三個層次則為各個物種內的基因多樣性。許多人很難理解，生物多樣性與人類生存有何關係？事實上生物多樣性對人類最直接的用處在於維持人類基本的生存。若我們仔細想想，以人類生活習慣來舉例就是，市場上有數百種不同的食材（這是食物的多樣性）可供人們挑選，才能每天變換菜色，否則一天到晚吃同樣的菜，營養一定不均衡。當然，食物的攝取越多樣化，越能維持我們自身的健康。生物除了提供人類的食物讓我們得以生存外，我們的衣著、家具等生活用品無不與生物息息相關。就生態系統的角度來看生物多樣性越多的地區，生態系就越容易達成平衡。所以維持複雜的生物多樣性，就是維護生態系的平衡以及生態系統服務功能的正常（見下文），更是提供人類與各種生物永續生存的基本條件。

　　物種是構成生態系統的基本單元，不同的物種在生態系統中所處在的環境中各司其職、各取所需，並構築為特殊的營養階層與結構；且此地區的食物網也因為有更多的環節之故，而較不易受環境變動的影響。但是，在受到干擾的環境中，自然選擇的結果將使得具有較高容忍力的生物得以生存，也因此會造成物種的減少，並使其較為脆弱，一旦環境更加惡劣，生態系統的瓦解則無法避免。另外，就人類本身實質的利益而言，許多生物是一些藥物或者是新興能源的可能來源；例如近年來科學家從熱帶雨林或珊瑚礁等具生物多樣化的生態系統當中，發現一些生物體內會分泌具有抗腫瘤或可治療如愛滋病等絕症的特殊化合物，有些已經發展成為實用的藥物，有些則正在試驗的階段，有些更待我們的繼續發現；部分的厭氧菌在分解汙染物質後產生大量的甲烷或是油脂，這類的微生物更可能成為爾後石油耗盡時的替代能源。然而，在人類發展的過程中，每年數萬種生物還尚未被命名，或是發現它的功能性就已經消失。這些消失的生物，當然我們完全無法知道它對我們是否有高度的應用性。

　　人類許多活動均可能對生物多樣性層次造成衝擊。根據研究估計，由於人口增加、資源消耗、環境汙染、地球的暖化以及外來物種的引進，造成世界上每天都有上百種的野生物種在滅絕，其速率是自然滅絕的一萬倍以上，生物多樣性淪喪的速度引發了地球上許多的連鎖效應，直接或間接威脅到人類的生存。

　　例如當土壤遭受化學藥劑毒害，田間的花卉蔬果，透過食物鏈的傳遞，最終還是進入我們的生活空間，人類終將自食惡果。就像我們將未經處理的汙水排入河川、

海洋當中，浮游生物吸收不潔水質當中的有害物質，魚類攝食浮游生物而將大量的有害物質累積在體內，人類也會因食用魚群而受害。1970 年代之前，黑鳶在臺灣是極為普遍的猛禽，但近年來，除了基隆及屏東還有零星族群外，其他地方幾乎看不到，全臺估計僅剩 300 隻，其主要肇因是每到 10 月秋作的季節，鄉下土地大多轉植紅豆、毛豆等作物，有些鳥類誤食噴灑農藥的植物而喪命，黑鳶可能食用中毒鳥屍後導致死亡，是間接受害者。同理，人類亦有可能在不經意之間吸入或食入有毒的農藥而產生健康危害。

2-2 生態系統的破壞

　　人類不論運用再先進的科技也無法脫離全球的生態環境，生態系統的運作也牽連人類的生存。然而，生物多樣性之父—愛德華·威爾森 (Edward O. Wilson) 不只一次提到，人類的所作所為已明顯破壞現有的生態系統，正是「啟動」第六次大滅絕 (mass extinction) 的開端[4]。根據統計從 1979 年每天大約有一種生物從地球上消失；1980 年代末期增加到每一小時消失一種生物；1990 年代末期更惡化到每小時有數十種物種消失，依此推算在本世紀末將會有15~50%的現存生物會從地球上消失。人類破壞生態系統，正是造成物種滅絕的主要原因。十九世紀後，人為活動如同河馬張開大口將四周水草大量吞噬一般，已使得許多物種被黑洞吞噬的消失於地球表面。威爾森指出「河馬效應 (HIPPO effect)」是地球現今生態系統受到破壞的主要原因。「河馬效應 (HIPPO effect)」中的 H 代表 habitat destruction（棲地破壞），主要是指現今地球多處的生物棲地已受到破壞；I 代表 invasive species（入侵物種），主要是指人為引入外來物種造成生態系統失衡；第一個 P 為 pollution（汙染），係指人為產生的汙染物質，造成物種、生態系統及人類的影響；第二個 P 為 population growth（人口增加／人口過多），係指人口過度增加，造成地球環境的壓力與負荷；O 則為 over-exploitation 或 over-harvesting（過度利用或捕獲），代表地球資源被過度使用。

🍀 2-2-1　人口過多

　　生態系統的破壞，首推「人口問題」。更精確的來說，全球環境問題的主要原因來自於人口遽增所造成的工業及農業生產伴隨的增加。統計資料顯示，世界人口1800年約10億人，到1900年代初期成長2倍到達20億人，2000年達到60億人，預計到本世紀中葉，世界人口將達到90~100億（見第1章）。19世紀工業革命後，出於人類在醫藥、工程及農業科技等科學發展突飛猛進。使得1950年代後的人類平均壽命明顯增加，出生嬰兒死亡率下降，進而人口日益增多。當然，為了維持生活及生活水準的提高，必須增產必要的糧食與工業製品；為了提高農業生產，人們必須開墾原始棲地種植或畜養我們需要的食物。其中石油、煤等化石燃料，又是糧食與工業生產過程不可獲缺的能源，它們的需求也就跟隨著人口增加日益上升。此外，為了提升農業生產的效率，在耕種及畜養動物時投入肥料、農藥及抗生素等，這些物質的生成又與化石燃料有著密不可分的關係。化石燃料的使用除了可能產生直接或間接有害的化學物質外，同時也會產生二氧化碳、二氧化氮、二氧化硫等氣體改變大氣環境。二氧化硫及二氧化氮主要經由燃燒化石燃料產生，同時會與水氣結合成酸性水（酸雨），並降至地表影響生態環境中的動植物。此外，二氧化碳為溫室氣體的一種，大量排放至環境中會造成全球性的溫度上升，改變地球原有的氣候及環境的穩定狀態，造成生態系統的瓦解。這些對環境所造成的危害，以及反過來對人類自身生存的威脅，也都將隨著人口持續過度成長而益加嚴重（圖2-6）。直到目前為止，技術與文明的進步，都還無法有效的減少人為對環境的破壞（生態足跡的增加，見第1章）。因此，如何有效的減少或控管當前的人口增加及人類活動對環境生態衝擊，也就成為環境保護最重要的一個問題，也是維繫人類生存的重要課題之一。

🍀 2-2-2　棲地破壞與人類開發

　　「棲地」，又稱為「棲息地」是人類與生物體生存與活動的空間範圍，也是生存的外在條件之一，舉例來說，大家是否去過七股或是類似七股地區的泥沙底質海岸？若有去過，你應該不難看到海邊也有招潮蟹及彈塗魚等生物在這裡活動。試想一下，如果這樣的泥沙底質的海灘變成了水泥堤防。試問，你覺得招潮蟹及彈塗魚

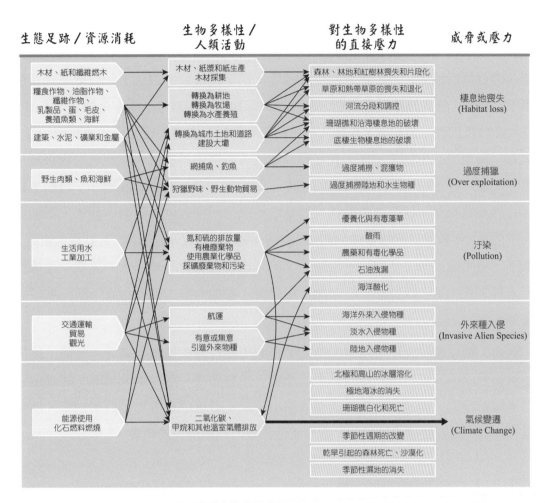

圖 2-6　人類發展對生態系統／生物多樣性的衝擊。由於人類活動所產生的生態足跡（見第
　　　　1 章）的增加會直接或間接造成對生物多樣性的壓力與威脅。

牠們還會出現在這兒嗎？非洲草原上奔跑的獅子，如果把牠們放到臺灣山區中，是
否仍可以生存？許多人應該知道，當然是不可能的，牠們根本不可能生活在山區。
事實上，上述兩個例子主要就是要告訴大家棲地的概念。不同的生物需要不同的居
住地方，當然居住處沒有了，該生物當然無法生存。因此破壞生物的棲地比獵捕採
摘更傷害野生動植物，甚至造成物種滅絕。而物種一旦滅絕，任何科技均無法再造，
該物種的生態角色與生態功能也永遠消失。

「森地內拉式滅絕」(Centinelan extinction)，為棲地破壞中最常被提到的例子。
森地內拉 (Centinela) 是中南美洲厄瓜多爾一處鮮為人知的小山脊。1978 年時，植物
學者在此地的森林發現約 90 種特有種植物，其中有幾種植物具有黑色葉子，這在植

物中是極度稀有的特徵，至今仍為植物生理學上的未解之謎。在數個月後，當地農民開闢一條私有道路，砍掉山上的森林，種植可可與其他作物。那些特有種植物也因樹林遭砍除而消失，至於稀有的黑葉植物，則從此默默的消失了，只留下當初植物學家的記載，後人無緣見識它們。其實類似森地內拉的事件不斷在全球各地上演，只是大多數我們都不曾知道。森地內拉是剛巧有博物學家進入研究，才讓我們知道，原來有一個地方的生物多樣性，就這樣快速的、悄悄的滅絕了。從此，這種來不及讓世人發現，且在短時間內就滅絕的事件，就稱為「森地內拉式滅絕」。目前生物多樣性最高的森林，就是熱帶雨林。但是這些熱帶雨林皆位於開發中國家。當地農民為了生計，大量砍伐原始森林，種植高經濟作物，如可可、牧草等。更有些大企業，看準了開發中國家勞工便宜、土地廉價，於是出資在熱帶雨林區大肆開墾，種植牧草，大量飼養牛羊，以供應全球肉類市場所需，森地內拉式滅絕一直不斷在熱帶雨林發生。

當前人類破壞棲息地普遍原因是為了獲取天然資源或是增加可利用空間，使得原始林被砍除或改變為單一種的林木或農田、挖掘礦產、沼澤濕地被填土成旱田、河川水域被汙染、棲地植被改變或面積縮小，以及環境中有毒物質的增加等，均使得原有的環境受到破壞或是減小，進而使得大量的物種消失於地表。

✿ 2-2-3　外來種的危機

外來種 (exotic species) 指一物種出現於其原始自然分布疆界及可擴散範圍之外。等到外來種於自然或半自然生態環境中建立一穩定族群並可能進而威脅原生種時，我們稱牠為入侵物種 (invasive species)。外來種來源除了主動入侵外，大多為人為導入的結果。其途徑主要有農業或貿易行為、娛樂及觀賞用、生物防治、船與飛機等交通活動、科學研究及放生等方式。進入新生態系統的外來生物，如果缺乏天敵並適應當地環境時，極有可能造成族群數量過度擴張的情況，進而造成掠食原生種或與其競爭資源，甚至帶來傳染疾病或寄生蟲而影響到原生態系統。外來種的影響可分為經濟影響與生態影響。根據統計，美國每年因外來種的實質破壞、控制費用或是影響人體健康等而付出的代價高達 1,230 億美金，其中包括白蟻 (Formosan termite) 每年 10 億美金；火蟻 (Fire ant) 每年 20 億美金；斑馬紋貽貝 (Zebra mussel)

於十年間光是清理水管、過濾設備等即耗費 31 億美金；關島每年因褐樹蛇 (Brown tree snake) 所致的電力系統中斷損失亦達 100 萬美金。過去三十年入侵臺灣的幾種重要有害生物（如小花蔓澤蘭、松材線蟲、河殼菜蛤、福壽螺、綠鬣蜥、線鱧、牛蛙、家八哥、埃及聖䴉）所造成的損失，每年金額已超過 100 億元。外來種對生態的影響往往難以用金錢估計，但是影響層面卻極廣泛，甚至需耗費極大的人力與金錢彌補，因而間接影響經濟。

✿ 2-2-4　汙染危害

工業革命後，我們生產許多原來自然界中沒有的人工合成物質。有些難以被微生物分解，並殘留在環境中數年甚至數十年。這些非自然界的合成物質可能對環境造成相當大的毒害。另外，部分化學物質釋放到環境裡也許沒有產生直接危害，但可能和其他物質發生作用或是經由微生物的代謝後變成更毒的物質。例如汞曾經被直接以不溶於水的狀態直接排入河川或海洋中，然而存在底泥裡的細菌卻將無機性的汞轉變成毒性更強的甲基汞，然後累積在水域裡的魚體中，並濃縮於人類取食的生物組織裡（生物累積或濃縮性與生物富集作用，見第 5 章）。

生物在取食養分和水分的同時，會攝入環境中的毒性物質。有些毒物可以經由代謝或是排泄作用排出體外，有些則會累積在特定的組織中，尤其是脂肪組織。例如工業合成的氯化烴類化合物（包括很多殺蟲劑，如 DDT）和多氯聯苯 (polychlorinated biphenyls, PCBs) 就是這樣堆積在生物體內，經過數年仍無法排出。這些被我們有意或無意加到生態系統中的毒化物將會造成生態上的大災難，其理由是經由生物濃縮累積放大作用，在食物網中越高階的生物將累積更高濃度的毒物，因為每個階層為維持一定的生物量，需要攝食更多被汙染的下層生物量。因此，位於頂層的肉食動物常常是受毒害最深的生物。北美禿鷹及海豹都是因 DDT 等汙染物累積而產生族群大量銳減的著名案例。生活於生態系統金字塔最頂端的人類，受到的影響也就不言而喻了。

2-2-5　過度利用與獲取自然資源

　　人類對煤和石油的使用、居住範圍的不斷加大、對自然資源的濫用，都在破壞著地球上生物的生存條件。資源過度使用及過度的獲取已經成為當前生態破壞的重要議題之一。世界自然基金會 (World Wide Fund for Nature, WWF) 的負責人 Claude Martin 說：「我們對資源的消耗超過其產出」。在過去的 40 年裡，人們對煤和石油等天然資源的消耗增加了約 7 倍。這些資源的消耗同時產生二氧化碳等產物造成全球升溫，這種對資源的過分消耗及其造成的汙染超出了地球的負荷，導致生態系統的破壞（此部分詳見第一章生態足跡）。除了能源外，人們為了獲取木材，以及畜牧和耕地的用地，一半以上的原始熱帶雨林已經被人類砍伐了。如果以目前的速率持續破壞，估計在 30 年後，所有的熱帶雨林將永遠的從地球上消失。此外，許多生物也因為人類過度捕捉逐漸消失，甚至於滅絕（圖 2-7）。多多鳥是最常被提到因人類過度捕獲而滅絕的物種，其他還有北美野牛、梅花鹿及櫻花鉤吻鮭，都是因此人為過度獵取而瀕臨絕種的物種。全球的漁業資源也因此人為捕捉的壓力，可能到 2046 年就可能耗盡。此外，臺灣森林、魚類和野生動物資源由於過度利用而消失的實例屢見不鮮，同時也導致許多特有物種的滅絕。過度開採資源使某些人在短期間

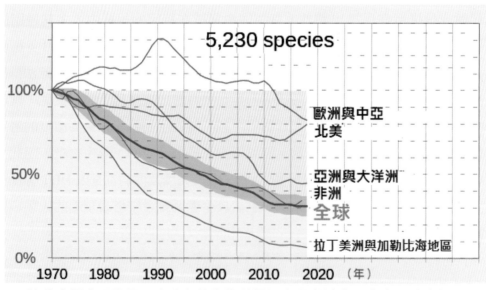

圖 2-7　隨著人類文明發展，地球上的生物種類卻也逐漸減少。生命地球指數 (LPI, living planet index) 是由全世界超過 5,200 多種生物，包括哺乳動物、鳥類、爬行動物、兩棲動物和魚類的時間序列資料計算出來的。每一個物種的數量變化相對於 1970 年情況來進行比對。

獲利，然此種「殺雞取卵」、「竭澤而漁」的資源利用方式會使生態系產生巨大變化，甚或崩潰。生態系成員之間的關係是環環相扣、交織成網的，一旦其中有些物種消失或大量減少，必使生態系平衡受到破壞，甚至可能無法恢復，使得生物多樣性蒙受巨大損失。

2-3 生態與人類生活

2-3-1 大地與生態系統服務

許多人嚮往到戶外旅遊，在森林中呼吸新鮮空氣，汲取潔淨無汙染的水源，沿途的鳥語花香，更帶來無限的驚喜。

生活在生態系中的每一個生物體，為了自身的生存，不斷地與週遭的環境發生交互作用，達到一個動態平衡的過程，此過程同時對包括人類在內的其他所有生物產生有利的附加功用，如新鮮的空氣、乾淨的飲用水、肥沃的土壤等，這些功用就稱為「生態系統服務」(ecosystem services)。聯合國所主導的 MEA (Multilateral Environmental Agreement) 在 2005 年綜合相關學者所提出的定義，將生態系統服務定義為：「人類從生態系統所獲取的利益，包括自然生態系統與人為系統為人類所提供的直接與間接、有形與無形的效益」。

根據聯合國「生態系統與生物多樣性經濟學」(The Economics of Ecosystems and Biodiversity, TEEB) 的標準，生態系提供的功能分為 4 大類（圖 2-8），包括：

1. 供給功能：如食物、淡水、原料、藥用資源及燃料。
2. 調節功能：如氣候和空氣品質調節、洪水調節、水源淨化、疾病控制。
3. 支持功能：如營養鹽循環、土壤形成、生物多樣性的維護。
4. 文化功能：如教育、藝術美學、宗教、心靈陶冶及休閒娛樂。

人類的生存倚賴著生物的多樣性。人類的糧食、醫藥、建材及各項工業原料，都是由各類的生物資源所提供。例如在農業方面，全世界約有 30 萬種以上的植物，我們僅用了其中不到百分之一的物種作為糧食作物，就養活了全世界 95％ 以上的人

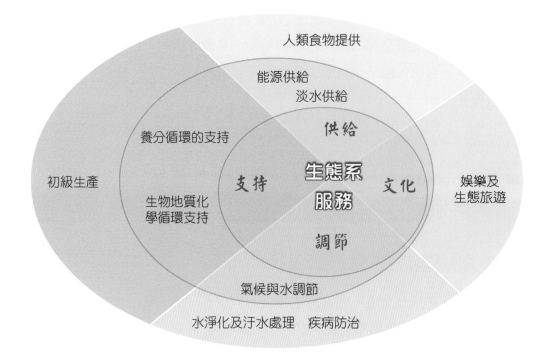

圖 2-8　生態系統服務。生態系統服務包括支持、提供、調節及文化等四大部分。上圖按照對人類需求的重要性給予不同的面積大小及各階層之延伸項目。

口。藥品亦是重要的生態系統供給服務。今日的藥品化合物中有超過 25% 都是源於自然界，包括來自海洋中的天然物與各地森林中的植物品種。例如以往在林業管理上通常當作廢料的「紫杉」，發現其萃取出的「紫杉醇」能夠有效地治療卵巢癌、乳癌等疾病。一份加拿大研究報告中指出，極地森林在生態服務上創造了 2,250 億美元的產值，包括水質過濾和碳素吸收等服務。國內學者針對臺南七股濕地的研究則顯示，七股濕地之供給服務為 23 億 1,480 萬元，調節服務為 29 億 6,150 萬元，支持服務為 1 億 6,020 萬元，文化服務則為 8,970 萬元。

　　人類為了提高土地利用的經濟價值，以工程方式改造自然棲息環境，使得環境劣化、生態系統扁平化，例如：糧食生產由早期粗放型的自然農法轉變為集約型耕犁方式、施用大量肥料及農藥、培育基因改造的作物、砍伐原始森林作為耕地。事實上，整個地球生態系統的功能正在退化，如果以目前的趨勢繼續下去，生態系統可能瓦解，將來即便花費更多的金錢，施作更多的工程，亦難以回復原來的生態服務。

✿ 2-3-2　生態失衡對人類的衝擊

　　生態系統所提供的各種生物與非生物資源是地球給予人類的重要資產，然而在人口快速增加、經濟高度發展的衝擊之下，此資產已逐漸流失。

　　什麼是生態失衡？生態失衡 (ecological imbalance) 是指由於人類不合理地開發和利用自然資源，擾動的程度超過生態系統的界限範圍，而破壞了原有的平衡狀態，對環境生態產生不良影響的一種現象。例如：濫伐森林或過漁，採伐速度遠遠超過其再生能力，致使物種瀕臨滅絕或甚至滅絕，與自然的交互作用降低或停止，進而導致極端氣候、水土流失，造成生態環境的劇變。

　　從 1971~2006 年，美國野生蜜蜂的數目大幅減少，而養殖場的蜂群數量亦不斷減少，環境生態學者稱之為蜂群崩壞失調症 (colony collapse disorder, CCD)。最新研究指出，此現象與大量農藥的使用有絕對的相關。約有三分一以上的農作物需要依賴蜜蜂授粉才可能結出果實，蜜蜂的消失導致巨大的農業損失。根據 2011 年聯合國環境計畫的報告指出，每年糧食生產的全球總產值，蜜蜂等昆蟲的授粉活動占了9.5%，即為 1,530 億歐元（2,040 億美元）。其他的生物亦同樣地具有對環境與人類的不同價值，一種生物的消失代表其價值的喪失。

　　地球上的生命是經過了數億年優勝劣汰的生存競爭演化而來的，在這漫長的歲月中，各種因素透過轉化補償、相互制約等作用，生物群落和非生物的自然環境條件逐漸達到一個相對穩定的平衡狀態，形成一個穩定的生態系統，而這個系統能夠自動調節，以維持平衡的穩定性。

　　1969 年詹姆士・洛夫洛克 (James Lovelock) 提出蓋亞假說 (Gaia hypothesis)，他認為地球就是一個「有機體」，並將這個「有機體」命名為蓋亞，即希臘神話中的大地女神（大地之母之意）。在蓋亞假說中，地球這個有機體包含了生物圈、大氣層、水圈與土壤等，就像一個我們已知的生命形式一樣，形成回饋或調控的系統，系統中生物的活動改變自然環境，而被改變的自然環境同時也推動著生物的演化，生物與自然環境相互影響，遂結合成一個能自我調控的大地之母，而大地之母不斷地為地球上的其他小生命尋求最適宜的物質環境，並維持內部環境之穩定 (homoeostasis)。

　　蓋亞假說提出一個對生命全新的思維方式，地球上的生命是由數以百萬計的不同生命形式相互作用所維持的，而這數以百萬計的生命形式亦是一個更大的生命體的微小部件。然而，在生物世界中，由於人類一枝獨秀的格局已經形成，如果人類不按自然規律行事，只顧眼前或局部利益，過度地干預生態系統，使得地球自動調節能力降低或甚至消失，導致生態平衡遭到破壞，甚至造成生態系統崩潰，終將面臨災難性的後果。

🍀 2-3-3　生物多樣性保育

　　生物多樣性是一門新興的科學，著重於探討生命系統各個不同層級以及之間的關連性。威爾遜更進一步指出生物多樣性的研究，是要將原屬於生態、農業、經濟、政治、法律等多項領域加以整合，探討如何維持及利用生物的多樣性，以造福人類。因此，如何保護自然環境及生物多樣性，不僅是人類生存及永續發展的主要關鍵，也是 21 世紀最重要的科學研究領域之一。

　　近年出現自然解方 (Natural Base Solution, NBS) 一詞亦與「生物多樣性」有密不可分的關係。自然解方一詞，最早出現於 2008 年，係指利用自然和健康生態系的功能保護人類，以因應氣候變遷、糧食安全或自然災害等挑戰。其意義為保全「生物多樣性」可解決目前人類面臨的全球議題。聯合國氣候變遷專門委員會在 IPCC AR6 WGII 報告中指出，人類社會活動會影響氣候與生態系，導致氣候變遷衝擊，其風險越來越複雜及難以管理。研究也發現，比起依賴人造工程抵禦氣候變遷威脅，更建議各國應加強保育、修復生態系，才能提升整體氣候韌性。高「生物多樣性」的自然生態系可為人類提供調節功能，因此，國際公私部門與公約近年紛紛將「自然為本」視為重要解決方案之一。

　　「生物多樣性」可用來探討生態系、生物與人類活動三者平衡關係是否健全，亦可看出地球保育程度。針對人類所居的環境加以經營管理，使其能對現今人類產生最大且持續的利益，同時保持其潛能，以滿足後代人們的需要與期望是「保育」最重要的工作。因此，積極的保育行為可減緩當前資源面臨匱乏或生物多樣性過低的困境。

　　人類倚賴生物多樣性而生存，地球未來是否能永續發展，生物多樣性更是關鍵因素之一。然而生物多樣性的價值（如前述所提及蜜蜂的產值）較不易被人們所了解，若能以居民的生計出發，才能引發保育的動機。無論是臺東鹿野永安社區、南投埔里桃米生態村及嘉義阿里山鄉山美社區（達娜伊谷），皆已開始保育周遭的環境，透過低碳生活的推行，減少資源的利用與浪費，並發展相關的經濟活動，如有機農業、生態旅遊等。綠色經濟（見第 7 章）早已在臺灣各個角落萌芽，悄悄開始推展。維護生物多樣性，維持自然系統的功能，人類生存越能受到保護。

　　人類的文明發展已進入 21 世紀，科技不斷地進步讓我們的生活越來越舒適。在現代化的社會中，我們塑造了適合人類居住的環境，但也離大自然環境越來越遠。回顧近幾十年來生態學及其他環境科學的研究，不啻闡明了一件事實，即人類完全無法脫離大自然的環境而獨立生存。生態環境的「健康」與否與人類的生存息息相關；我們所仰賴的水、陽光、空氣、土壤，甚至於其中的生物，無一不是使自然界周轉、循環不已的重要的元件之一，破壞這些，就如同拆除一部機器的重要機件。一部機器少了一顆螺絲釘都可能使其運轉受阻，更何況是重要的部分受影響。詳觀我們的四周，再細看自己的行為，人類正一步一步地在摧殘自己賴以維生的環境，不僅如此，我們也同時侵犯了其他生命的生存空間及剝奪他們的生存權利。演化的證據告訴我們，地球上的生命曾因氣候變遷、地質活動或天體運動，而歷經了發生在不同時期的五次浩劫。這五次的大滅絕使得各時期許多不同種類的生物在地球上消失。人類的出現，是否有可能造成第六次大滅絕？這個問題值得我們自己進一步的思考。

1. 有機物：有機化合物之簡稱，是指含碳 (C) 與氫 (H) 的化合物。
2. 硝化作用：指氨氧化為亞硝酸鹽、硝酸鹽的作用，通常由特殊的細菌完成。
3. 脫氮作用：指土壤中的硝酸鹽在缺乏氧氣時，被某些真菌或細菌轉變為氮氣 (N_2) 的作用。
4. 第六次大滅絕：大滅絕乃指大量物種的消失，地球先前已有五次大滅絕。

習題與討論　EXERCISE

一、選擇題

（　）1. 生命與物質環境的組合稱為　(A) 地球系統　(B) 生態系統　(C) 生物地質化學系統　(D) 自然運作系統。

（　）2. 下列何者非外來種所造成的環境問題？　(A) 原生生物種類及數量大幅減少或滅絕　(B) 引發疾病或寄生蟲的傳染　(C) 與本地物種雜交，增加遺傳多樣性　(D) 改變當地的生態系統。

（　）3. 永續發展的目地為　(A) 永續利用資源　(B) 維護生物多樣性　(C) 環境永續利用　(D) 以上皆是。

（　）4. 一個物種出現在其原自然分布及可擴散範圍之外叫做　(A) 原生種　(B) 外來種　(C) 本土種　(D) 雜種。

（　）5. 造成生物多樣性危機的原因為　(A) 化學汙染物質影響生態系統　(B) 過度開發造成的棲地破壞　(C) 人口的快速增加　(D) 以上皆是。

（　）6. 下列何者為造成生態失衡的原因？　(A) 人口減少　(B) 資源利用降低　(C) 族群遷移　(D) 以上皆非。

（　）7. 生態平衡的平衡狀態是　(A) 靜態平衡　(B) 動態平衡　(C) 先動後靜的平衡方式　(D) 單指物種數量的平衡。

（　）8. 對於河馬效應 (HIPPO effect) 的描述何者正確？　(A) 係指河馬吞噬水草的能力　(B) 地球現今生態系統受到人為破壞的主要原因　(C) 人為影響造成河馬棲息環境破壞　(D) 水生生物族群對應能使用的環境空間。

（　）9. 文中所提的足跡 (footprint) 是指　(A) 大腳　(B) 人的腳印　(C) 人的空間　(D) 人類消耗自然資源的程度。

（　）10. 下列何者非人類破壞生態平衡的後果？　(A) 水土流失　(B) 沙漠化擴增　(C) 地層下陷　(D) 雨林中物種多樣性下降。

二、問答題

1. 何謂是入侵物種 (invasive species)？

2. 主要造成生物多樣性危機的原因為何？

3. 何謂生物多樣性？對我們的影響為何？

4. 生態系統對我們的功能為何？

5. 為取得雨林中所蘊藏之資源，雨林地區遭受哪些生態衝擊？

參考資料　REFERENCES

1. 朱錦忠，1998，生態學，高立出版社。

2. 鄭蕙燕，2006，生物多樣性教材：生物多樣性概論篇第十六章，生物多樣性人才培育先導型計畫計畫推動辦公室主編。

3. Campbell, N.A., Reece, J.B., Simon, E.J. 著，陳誌偉、楊敏瑜、林怡君、周德珍、黃文理、陳鳴泉、邱郁文、鄒佩珊、王姿文、林宜靜、黃大駿、羅怡姍、沈國愉、隋安莉譯，2007，生物學 (Essential Biology with Physiology second Edition)，滄海書局，臺中。

4. Campbell, N.A., Reece, J.B., Taylor, M.R., Simon, E.J. 著，隋安莉、鐘國仁、黃大駿、張嘉娟、林為森、邱郁文、林宜靜、朱紀實、方引平譯，2007，生物學 (Campbell Biology: Concept & Connections)，學銘圖書有限公司，臺北。

5. Haines-young R. and Potschin M., 2010.The links between biodiversity, ecosystem services and human well-being. Ecosystem Ecology. Edited by Raffaelli D.G. and Frid C.L.J. p.110~139. Cambridge University Press.

6. Leakey R.E. and Lewin R., 1996. The Sixth Extinction: Biodiversity and its Survival. Weidenfeld and Nicolson.

7. Manuel C. Molles 著，金恆鑣等譯，2002， 生態學：概念與應用 (Ecology, Concepts and Applications)，滄海書局，臺中。

Environment and Life

能資源與生活

03

FOREWORD　前言

2011 年 3 月 11 日日本發生 9.0 的地震，引發 50 呎高的大海嘯，導致死亡人數超過 15,000 人，摧毀 10 萬棟房子的傷害；同時，造成福島第一核能發電之核子反應爐熔毀，引致世人對於核能安全的疑慮。該事件發生後，各國重新檢討核能政策，德國因而決定 2022 年各核能電廠除役，成為非核家園國家；然而全球在面臨減碳的壓力下，核能如今又被認可為清淨能源，似乎人類一直在尋求對能源的渴求依賴與畏懼惶恐兩者之間的平衡點。

3-1　資源的種類、利用與危機

　　凡是有價值的物質皆可稱為「資源」(resource)，其分類若依生命的有無，可分為生物資源及非生物資源，生物資源又有動物與植物之分，動物如牛、馬、羊及海產等，植物如稻子、麥、高粱及森林等；而非生物資源亦可分為金屬物質與非金屬物質，常使用的金屬物質，如鐵、鋁、銅，非金屬物質如煤、石油、土壤、水、空氣等。人類生存都需要這些資源，資源的價值隨時間、區域及使用方式而不同，此等資源又依其可否重複出現而分為再生資源與不可再生資源，前者如不被過度使用，再生速度與耗損速度相當，將會不斷的重複出現而不虞匱乏；後者則會因人類的快速使用而耗竭，不復出現。以下，僅就對人類較為重要的資源－水資源、土壤資源及海洋資源做介紹。

3-1-1　水資源

　　地球生命源自於水體，沒有水就沒有生命，古希臘的哲學家達烈斯曾說：「水是萬物的根源」，因此，水與生活是相關連的，水量的多寡也影響各地區不同生物的面貌－生態系統多樣化。有關水資源所含蓋的面向相當廣，以下僅就「水資源」、「水與生活」及「水資源危機」等單元做簡單介紹。

一、水資源

地球的起源，是因為有水，水為可再生資源，透過太陽的照射，海平面的水蒸發變成蒸氣、雲散逸在大氣層，又因氣流形成的風被吹至山區，順山坡而上，遇冷空氣凝結成水滴，下至地面而成雨、霜或雪，這些水的形式會存在於山上的湖泊、水庫，會順著溪流而下，終回到大海，這種水存在地球的位置及其間的變化，即為水文。地表四分之三的面積被水覆蓋，包括海洋、冰山、冰河、冰棚、河流、湖泊等，加上地下水、土壤水、生物水和大氣水，構成地球的水圈(hydrosphere)（見第 1 章）。

地球上的水總共約有將近 14 億立方公里，分布狀況如圖 3-1，但真正可被人類利用的淡水，僅占全球總水量的 0.763%。

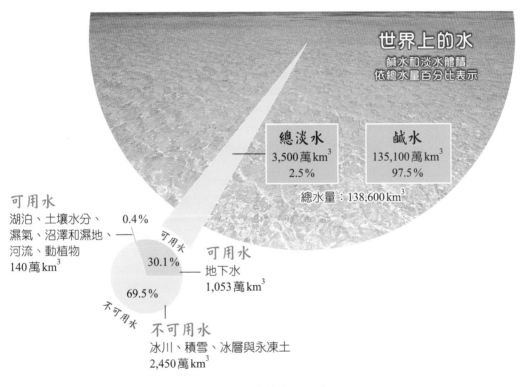

圖 3-1　地球總水量分布

二、水與生活

　　水對地球有極大功能，在自然形成方面，具有形成水域、維持生態及構成氣象的功能；在生活及社會形成方面，具有提供資源、輸送及水空間形成功能。

　　由於自然作用，水在陸、海、空三領域會產生三相變化。留在陸地的水，是好用的資源；而留在高水位的山上，如水庫，具高位能，可以用來發電、供應民生及灌溉用水；留在河流的水，可供灌溉、運輸用；留在湖泊的水，可用以養殖、休閒觀光。水的功能，可整理如圖 3-2。

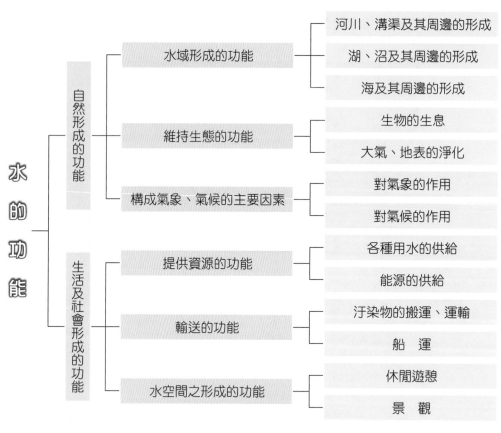

圖 3-2　水的功能

　　人類對於水資源的利用，主要以農業用、民生用及工業用等三大類，各地區的使用比例，依開發程度不同而有異，如表 3-1；依各國開發狀況，三大類的分配情形亦有所差異。以用水比例而言，臺灣介於開發中國家與工業國家之間。

表 3-1　依開發程度水資源的利用比例

	農業用	工業用	民生用
開發中國家	81	11	8
已開發國家	46	41	13
世界	70	19	11
臺灣 (2012~2022)	71	10	19

三、水資源危機

　　生活中不可沒有水，除生理需求每天均需要之外，另如洗衣、飲食、盥洗；水的用途及重要，每人都知道，但是使用過後會變成汙水，排出後會汙染水體，造成環境及生態破壞。人類生存所面臨的最大危機並不在於無水可用，而是在「無乾淨的可用水」、且「患寡更患不均」。

　　目前世界面臨水資源危機的原因有下列幾項：

1. 可用淡水有限：如圖 3-1 所示，可用的淡水，僅占全球總水量的 0.763%。加州降雨量不足，原為相當缺水地區，但藉由水利工程將山區積雪溶水大量引入，造就如舊金山及洛杉磯的大城市，現今又因人口大量增加，各地區供水量日漸不足。

2. 人口成長：人類之生活不可無水，故人口數不斷的增加（見第 1 章），再加上人類過度使用，水量越顯不足，許多地區的水資源日漸枯竭。

　　圖 3-3A 顯示全球 37 區（2003~2013 年）的主要地下水蘊藏區中有 21 區（紅、黃區）的補充量是低於抽取量，並導致地下水蘊藏量逐漸減少，有些已達到令人擔憂終將枯竭的程度。圖 3-3B 則顯示在 2019 年各國地下水匱乏的情形。

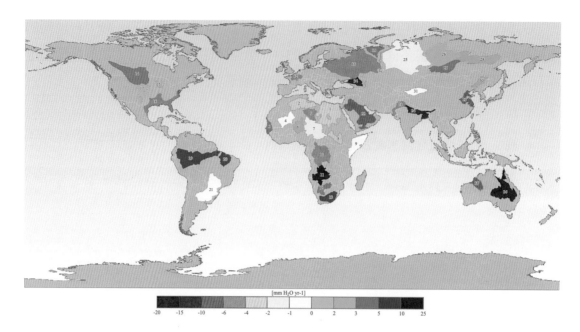

[mm H2O yr-1]

-20　-15　-10　-6　-4　-2　-1　0　2　3　5　10　25

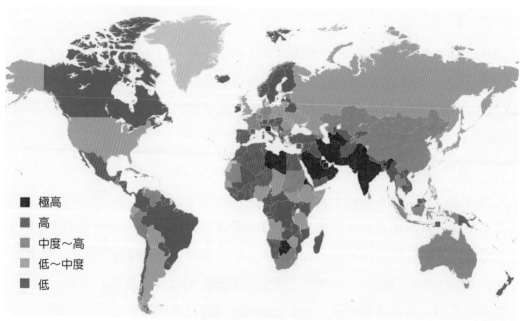

■ 極高
■ 高
■ 中度～高
■ 低～中度
■ 低

圖 3-3　上：2003~2013 年全球年主要地下水蘊藏區的水量補充或減少狀況圖；
　　　　下：2019 年各國家地下水匱乏的情形

3. 環境汙染：人類生活區域均是逐水而居，有人類活動就會產生汙染物。這些汙染
　物如未善加處理即排入水域，即會汙染如河川之水體，如高屏溪流域因上游畜牧
　業而汙染及二仁溪口之重金屬汙染，均是環境汙染造成用水危機的例子（見第 5
　章）。

4. 氣候變遷：全球暖化所形成的氣候變遷，影響水循環的正常運作，聖嬰與反聖嬰現象的交互出現，帶給各地暴雨或乾旱的不正常天候，使水資源之運用更加艱難（見第 4 章）。受災地區沒水，生活難以維持、工業難以持繼，永續發展的目標便無法達成。在全球氣候變遷、日漸暖化的情況，水資源缺乏日益嚴重，目前世界水資源運用的困境與預測如下：

(1) 全球仍有近 9 億人口仍在使用未淨化的飲用水源。

(2) 約 30~40 億人家中無安全可靠的自來水。

(3) 每年約有 350 萬人之死與供水不衛生有關。

(4) 全球超過 80% 的廢水未處理即排放。

(5) 至 2025 年全球將有三分之二的人口面臨缺水壓力。

圖 3-4 為科學家以用水量及供水量的比例來預估全球各地未來（2040 年）面臨缺水危機的狀況。缺水，對生活的影響相當大，從民生、食物安全、衛生與健康、經濟、環境，乃至於社會安定，均會受到或多或少的影響，因此，除了積極開發水資源外，如果無法節約用水，缺水將無可避免。

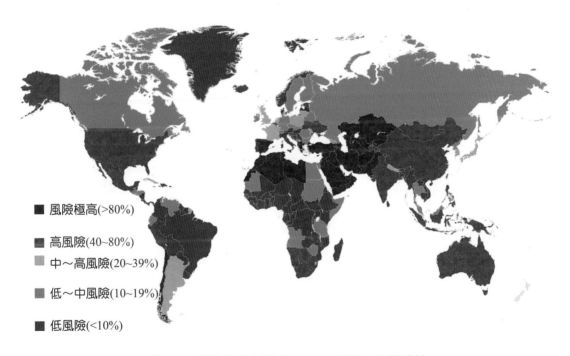

■ 風險極高(>80%)

■ 高風險(40~80%)

■ 中～高風險(20~39%)

■ 低～中風險(10~19%)

■ 低風險(<10%)

圖 3-4　預估全球未來（2040 年）缺水的嚴重性

為讓人類有節約用水的觀念，1993 年由倫敦國王學院的約翰・安東尼・艾倫教授提出水足跡 (water footprint) 的概念，又稱虛擬水 (virtual water)，它代表消費者生活消費過程中消耗的用水量，可讓消費者瞭解水在生產線中的重要性及消耗量，建立水足跡之觀念可做為水資源管理之依據。統計世界各國的水足跡的概況，如圖 3-5 所示，該圖可看出各國每年每人所用的水量足跡。

圖 3-5　世界各國的水足跡（1996~2005 年）

3-1-2　土地資源

「土地資源」意指陸地生物（包括人類）生存空間（棲地）所提供之礦產（地質資源）與產品原料、土壤與作物（農、林、食物生物）等資源，此等資源均有助於經濟發展，可見土地資源之重要，妥善的管理才能確保地球永續經營。

土地資源之管理與水資源之利用情形是息息相關的，兩者之重點工作即是水土保持。土地資源有些是無法復原的或再生率很慢，歸類為非再生資源，如礦產；而能源源不斷再生者，如作物，即為再生資源。

一、土壤資源與危機

對人類而言，土壤 (soil) 是土地最重要的資源，許多民生物資，農、林、食物、生物，均須靠其生產；其組成是由岩石風化之礦物質、堆肥化之有機分子與活性微

生物等所組成之複雜混合物，應視為特殊的動態系統，可隨母質、時間、地形、氣候及微生物而改變，理論上可無限再生，但相對於人類之應用，因其再生速率很慢，有時仍視為非再生資源。

土地使用與規劃如果錯誤，相對於資源的取得即顯得匱乏，以臺灣為例，將山坡地的森林砍伐、改種高山蔬果及高莖淺根植物，造成土壤保水不易、每遇大雨即土石流成災，土地資源流失殆盡；又如徵收農地改建工廠，雖然，創造高額經濟、土地卻因汙染而難以再用，土地資源不再復得。此種土地使用與規劃之錯誤，不但土地資源不能再用，相對的，也使臺灣水資源之儲存嚴重降低。為了發展工業，科學園區與工業區不斷地被擴張，農業用地不斷地萎縮，過去自足的農作生產，能否再現？足堪憂慮。過去，因宜蘭人堅持不讓石化廠進駐，保得今日好山好水的後山花園美譽，值得大家深思；相對於近年之農舍民宿，又是一種土地之破壞，更讓主政者重新定位土地的利用。

近年來，人類所面臨到各種食物的基因改良、農作期間施加的農藥，以及加工所添加的化學藥劑，已意識到食安問題的嚴重，回歸綠色農業及自然農業的發展已漸漸獲得國人的支持。不可否認的，長期依靠化學肥料及農藥的結果，不但地力喪失、土地退化、生產力下降，且對人類健康產生極大威脅。老欉文旦之不復，噴灑農藥使得土壤中的蚯蚓無法生存、致使土壤硬化、無法讓樹根呼吸而死亡即是最好的例子。自然農業不僅可獲得農食安全，亦可讓土壤恢復原有的地力，是可大力推廣的政策。在倡導食農教育的同時，強調土力的保持與強化次有機或無毒耕種，以便創造更高的經濟價值，是另一思考模式。

土地退化 (land degradation) 是指生態系統因受干擾而長期喪失生產力，其影響所及為土地表層及全球三分之一人口，貧困國度受到影響更大，其退化原因主要有，不當或過度使用土地、生物多樣性喪失、氣候變遷、土地汙染及土壤沖蝕 (soil erosion)。圖 3-6 顯示全球不同地區土地地力退化的情形。

其中，土壤沖蝕全球每年破壞 300 萬公頃的農田、400 萬公頃轉為沙漠、800 萬公頃轉為非農耕使用。沖蝕現象是一種自然程序，主要為地質風化後產物的再分配、是土壤形成及損失的交互現象；然而，全球廣為散布的表土沖蝕，每年沖走 1% 的耕地，同時也降低土壤肥力。長時間累計即形成沙漠化 (desertification)[1]。

　　土地因氣候變化或人類過度開發、不當農耕放牧、超量取用地下水，致使土壤層土質惡化、有機物質流失，形成旱地，即是沙漠化的開始，過去 50 年，全球已有超過 6,500 萬公頃的耕地或牧場被沙漠吞噬，在全球 50 億公頃的乾旱、半乾旱土地，有 33 億公頃受到沙漠化的威脅。另外，全球各地有部分的土壤則受到鹽化 (soil salinization) 的影響。此現象常發生於炎熱、乾燥、排水不良地區及沿海農牧業區，而超抽地下水與過度施肥則加劇鹽化作用。

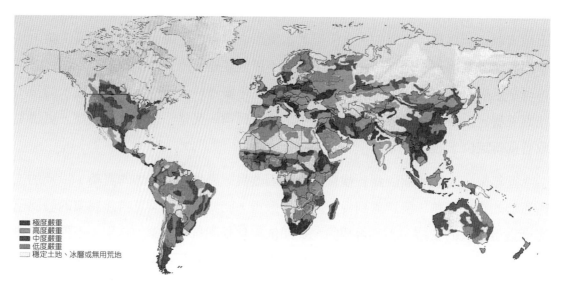

極度嚴重
高度嚴重
中度嚴重
低度嚴重
穩定土地、冰層或無用荒地

圖 3-6　全球不同地區土地退化的情形

二、地質資源的消耗與危機

　　地質資源可分為非金屬與金屬，前者如化石燃料、磷、石灰、石綿、砂石及岩鹽等，後者如金、銀、銅、鐵、鋅、鋁及稀土類等。自第一次工業革命後，大量啟用煤炭作為能源動力，快速經濟發展；第二次工業革命，更大量使用金屬作為各項建設與機械的基材，更加快工商經濟的快速成長，對於社會現代化的助益，居功頗大。然而，此類資源在 20~21 世紀間大量開採的結果，不但破壞地貌造成環境汙染、所產生的廢棄物增加環境負荷，且已造成蘊藏量急遽下降，非金屬類的化石燃料具能源功能，將於下節再述。其他如磷，被開發主要用來製造肥料，過去人類以三倍地質循環補充速度消耗此種礦物質，在數十年間，美國已快速消耗本土磷礦資源，在其他國家蘊藏量不多的情況下，估計可能在一世紀內開採完畢。其他金屬如金、

銀、銅、鐵、鋅、鋁及稀土類等亦逐漸在被消耗中，圖 3-7 為全球重要金屬及其他礦物（包含燐和三種化石燃料，即煤、石油、天然氣）的預估開採殆盡之期限年（圖中數字）。

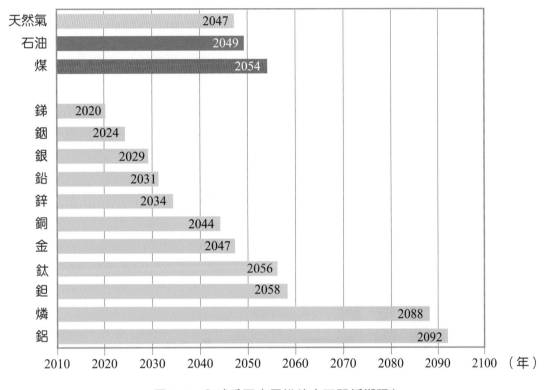

圖 3-7　全球重要金屬推估之可開採期限年

這些不可再生的資源除了是相當有限之外，在開採過程中不僅造成地貌的改變、消耗大量的水資源及能源、造成土地汙染，同時也產生大量廢棄物並衍生後續處理的問題，如圖 3-8。為開採礦石會相對產生的廢棄物量，例如：開採 25 百萬噸鐵礦，會產生 15 百萬噸的廢棄物。

物質不滅定律告訴我們，這些原本深埋在地底的物質一旦被開採並利用於地面上，即使大部分成為人類所使用的製品，仍會有部分留存在我們的環境中，包括水體、空氣，甚至累積在生物體內，最終必定造成對人類及整體地表環境的影響。所以礦物資源應該是一旦開採後，就必須不斷的重複加以使用，才能減少其衝擊並確保不會耗盡，這也是物質為何要回收再利用的主因。

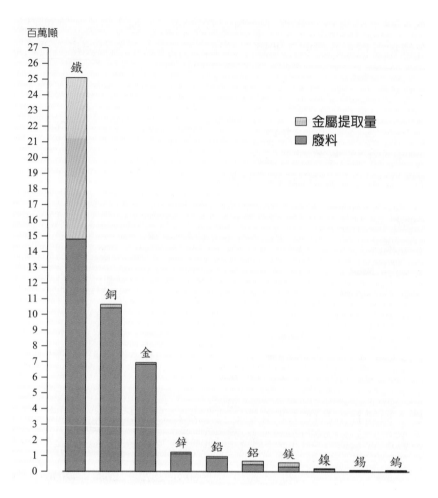

圖 3-8　不同金屬開採時所產生的提取量與廢礦料量（百萬噸）

3-1-3　海洋資源

　　海洋除可提供豐富的漁業資源外，亦含大量的藥用生物多樣性資源，同時亦蘊含礦產物質及能當作能源的水合甲烷、天然氣與石油。大致可將海洋資源歸為以下類別：物質資源（如石油、天然氣、礦物、淡水、海洋深層水等）、生物資源（如海洋動物、海洋植物等）、非取用資源（如運輸功能、休閒活動等）及海洋生產力（如藻類、鹽田、漁塭、海洋牧場等）、海洋生態系統服務功能（見第 2 章）等，茲分別敘述如後。

一、物質資源

物質資源包括石油、天然氣、礦物、淡水、甲烷水合物等項目。

1. 石油與天然氣

全球蘊藏在海床下的石油與天然氣大約分別為 1/3 與 1/4，主要分布在大陸棚的海底下或往外海延伸至水深數百公尺，早期開採多在水深 100 公尺以內，全球的石油與天然氣的產量則約有 37% 來自海洋之開採；因開採成本高，如要抵抗海上風浪，每台鑽油台之造價則依工程難度介於 1~10 億美元。

2. 甲烷水合物

甲烷水合物，又稱可燃冰，是二十一世紀最有潛力的新能源，在全球地表下有龐大的蘊藏量。但因分布廣、易擴散、離岸遠且深，要開採的技術困難且成本與風險皆高，全球目前並無正式的商業開採實例，且各國都不輕易投入資源大量開採。

3. 礦物－海水化學資源

海水的礦物豐富，如食鹽、溴、重水等，海水經天日不斷的曝曬，水分蒸發後，即可為食鹽，而過程中所產生的滷水亦可提煉鎂與鈣化合物；以滲透膜精製的食鹽之副產物亦有溴化合物，是化學工業重要的原料。

4. 淡化海水

在淡水逐漸缺乏之下，可透過不同的技術將海水淡化以取得水資源。近年國內流行的海洋深層水，也是將海平面 200 公尺以下的海水經過淡化處理但仍富有微量礦物質，並作為多元利用。

二、生物資源

海洋生物資源主要有兩大類：動物與植物，前者如漁、蝦、貝類；後者如海帶及海藻。雖然，人類自海洋取得的生物資源比例相對不高，但靠海及陸地資源不豐富的島嶼，則對其依賴甚重。

　　海洋動物類，主要以漁類為主，2000 年時全球人類所食用的漁獲量仍有 85% 來自海洋、15% 來自淡水及養殖，至 2010 年已降到約各占一半了（見第 4 章）；而 2020 年的全球資料則指出養殖的漁獲量已達 122.6 百萬噸 (57.3%)，而捕撈僅為 91.3 百萬噸，降到僅占總量的 42.7%。許多地區的捕撈作業採用無選擇性的全撈，如流刺網、底拖網等大型作業，而在漁船噸位、數量不斷提高的情況下，海洋中的動物資源已漸萎縮。例如臺灣不論黑鮪魚、烏魚、海蟹等海產捕獲量逐年下降，即是一種警訊。

　　海洋植物被取用最多的是藻類，除了直接食用、取其礦物質及纖維外，亦可提煉膠質、供應工業原料及食材；此外，亦可利用其生長快速之條件，適當篩選藻種大量培養採收當燃料及營養源。近年來，除廣泛應用藻類之豐富營養分以為養生食品外，科學亦研究應用其光合作用、快速消耗溫室氣體二氧化碳。

三、非取用資源

　　舉凡非直接由海洋取得之物質，但卻應用到海洋資源者，均屬於海洋之非取用資源，如海洋運輸及海洋休閒，前者稱為海運，可載人、也可載貨，如渡輪、郵輪、油輪及貨櫃輪；後者之休閒活動，則可豐富人類生活，如沙灘遊戲（沙灘排球、堆沙堡、牽罟、賞鳥）及水面活動（潛水、輕帆船、釣魚、賞鯨）。

四、海洋生產力

　　海洋除了有減緩溫室效應的功能之外，更提供了豐富的漁業資源讓我們日常食用。這些生物資源從哪裡來呢？原來在海洋上層有光亮的水體中，充滿了無數且多樣化的單細胞植物性浮游生物，這些植物性浮游生物正是海洋生態系食物鏈運轉的動力來源，也就是食物鏈傳遞過程中的基礎，所以，我們將這些植物性浮游生物稱之為「基礎生產者」。這些基礎生產者的特徵是會進行光合作用，利用水中的無機營養鹽轉換成有機碳，因此，我們將光合作用的過程稱之為「基礎生產力」；此外，還可應用海水之資源作為生產工廠，持續不斷的從事有價物質的生產，如鹽田、漁塭、海洋牧場等，上述這種海洋的能力，稱為海洋生產力。

五、海洋生態系統服務功能

海洋本身即是蘊藏不同類型生態系統的一個巨大水體，不僅對全球整體環境有舉足輕重的影響力，其所提供的生態系統服務功能（包括大氣調節、食物供給、海岸保護、環境緩衝、天然藥物、觀光休閒、生物多樣性維持、能源等，見第 2 章）世界各地的發展息息相關。尤其是沿海的生態環境，如珊瑚礁與紅樹林等更是提供全球沿海地區約 15 億居民的就業、糧食、生活休閒等活動的場所。據估計，珊瑚礁系統的全球每年經濟價值超過 300 億美元以上。

然而，與陸地資源一樣，人類快速、不斷地向海洋撈取資源的結果，海洋資源也會出現危機而面臨枯竭；而人類生活及生產所製造出來的汙染，亦是海洋資源消失的重大危機；再加上氣候變遷的影響，冰山與冰棚不斷的熔解，造成海平面的上升，改變沿海地區的生物分布生態，均是未來海洋資源變動的重要因素。

3-2　能源的種類、使用與危機

能量 (energy) 係指能造成狀態改變的動力，在物理學上稱為做功 (work) 的能力，是一種可以加以觀察、量測的度量。

能量有下列幾種形式：

1. 化學能：能量係儲存於某些物質中，而當該物質經歷化學反應時即會釋放出能量。

2. 熱能：熱能乃伴隨著介質中分子的自由運動，而其量化的指標即為溫度。

3. 質能：質量可轉換成能量，而其最著名的公式即愛因斯坦所推導出的質能互換公式。

4. 動能：為機械能的一種，當一質量運動時所蘊含的能量。

5. 位能：亦屬於機械能，其大小與物質於力場中的位置有關。

6. 電能：為電以各種形式做功的能力，主要是靠電子流動來產生的。

7. 電磁輻射能：即電磁波能，是一電磁波所具備的能。

　　依能量守恆定律，能量是不滅的，其彼此之間是可轉換的，如表 3-2 所示。但轉換過程，會有能量耗損，即所謂的轉換效率，各種能源設備之能量轉換過程與轉換效率，如表 3-3 所示。

表 3-2　各種能量轉換過程之能源設備

轉換前 ＼ 轉換後	化學能	電能	熱能	光能	機械能
化學能	食物 植物	電池 燃料電池	爐火 食物	蠟燭 磷光	火箭 動物肌肉
電能	電池 電解 電鍍	電晶體 變壓器	烤麵包機 熱電燈 火星塞	日光燈 發光二極體	馬達 電驛
熱能	氣化 蒸發	熱電偶	熱泵 熱交換器	爐火	渦輪機 氣體引擎 蒸汽引擎
光能	植物光合作用 相機底片	太陽電池	熱燈 太陽輻射	雷射	光電開門器
機械能	熱電池 （結晶體）	發電機 交流發電機	煞車摩擦	打火石 火花	飛輪 鐘擺 水輪機

表 3-3　各種能源設備之能量轉換效率

名稱	能源轉換過程	效率
發電機	機械能→電能	70~90%
電動馬達	電能→機械能	50~90%
燃氣工業爐	化學能→熱能	70~95%
風力發電機	機械能→電能	35~50%
化石燃料電廠	化學能→熱能→機械能→電能	30~40%
核電廠	核能→熱能→機械能→電能	30~35%
汽車引擎	化學能→熱能→機械能	20~30%
日光燈管	電能→光能	20%
白熾燈	電能→光能	5%
太陽電池	光能→電能	5~28%
燃料電池	化學能→電能	40~60%

　　直接或間接可提供人類能量的物質或自然作用，皆可稱為「能源 (energy source)」，能源分類若依該物質能否再生可分為「再生能源」(renewable energy source) 與「非再生能源」(nonrenewable energy source) 兩類；「再生能源」不會因使用後而消失，可不斷的產生，如太陽能、風力、水力、生質能、海洋能、地熱；「非再生能源」通常是指以物質所含能量來加以轉換的，因此使用後逐漸減少，且有枯竭的危機以及使用時衍生的環境衝擊，如煤、石油、天然氣（以上三種稱為化石燃料，fossil fuel）。以核能來發電也是屬於非再生能源的一種。

　　經濟快速成長的結果，不管生活還是生產均需要大量的能源，能源的來源由第一次工業革命的煤碳，轉成目前的化石燃料。但據統計，石油的儲量已日漸減少，可能不足 50 年，亦即總有用完的一天，屆時，人類的生活即將受影響。因此，養成正確的能源使用觀念及態度是相當重要的。本節即將針對「非再生能源的種類與其危機」、「再生能源」及「替代能源」作簡單概要的介紹。

🍀 3-2-1　非再生能源的種類與其危機

一、非再生能源的種類

1. 化石燃料

　　非再生能源的種類通常所指為煤碳、石油、天然氣及核燃料等，人類將之視為主要的能源來源，其與人類生活的關係已不可分離，圖 3-9 為目前人類消耗不同能源的狀況。而圖 3-10 的全球使用化石燃料趨勢也顯示人類對化石燃料類能源的依賴越來越重，並無減緩現象；而使用再生能源比列仍偏低。

　　煤的形成起源於 3.5 億年前地球上大量的植物生成。煤主要包含碳、氫、氧、氮及硫等五元素，可分為褐煤、亞煙煤、煙煤及無煙煤等四類；煤的利用有燃燒生熱、氣化及液化轉換的方式。

　　石油的生成起源於數億年前地球上大量的動物屍體沉積經地質作用而生成。石油開採依開採的程度，原油可經熱裂解，在高溫及高壓的條件下，將石油中長鏈分子分裂為短鏈分子以得到不同產品後，再加以使用，例如從煤油和重油生產汽油。其他產品包括：瓦斯、石油醚、汽油、煤油、燃料油、潤滑油、油脂、石蠟及瀝青。

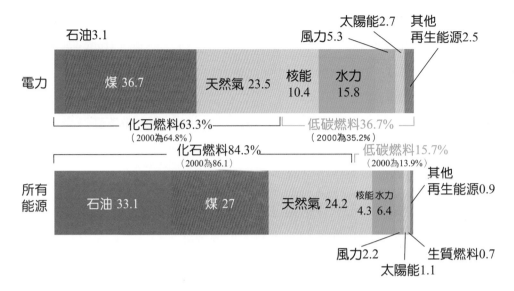

圖 3-9　人類消耗不同能源的狀況 (2022)(%)

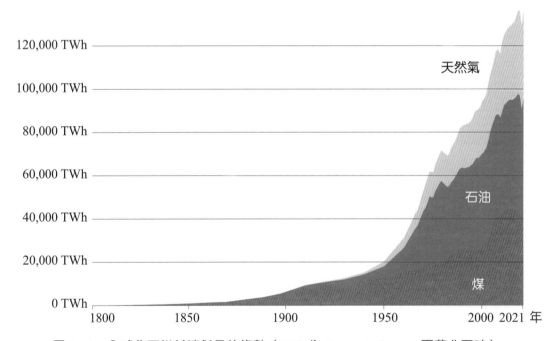

圖 3-10　全球化石燃料消耗量的趨勢（TWh 為 Terawatt-hour，百萬兆瓦時）

天然氣生成如前煤及石油之氣化，主要成分為甲烷。從氣井出來的天然氣一般不能直接應用，其除含有極高的甲烷含量外，並有較重的烴類，此外，還含有比例不固定的氮類、二氧化碳、硫化烴、硫醇和其他硫化物。

頁岩氣 (shale gas) 是屬於天然氣的一種，也是 2011 年美國最熱門的話題，每天幾乎都有新油氣井出現。美國於 2011 年頁岩氣產量占天然氣總產量的 15%，至 2012 年即已跳升至 25%，天然氣的價格也因此下降一半，其總產量已於 2015 年超越俄羅斯，也導致全球油價不斷地下滑。事實上，全世界頁岩氣的存量估計約為所有天然氣的 32%，其中最多的是中國，約有 1,275 兆立方英呎，美國才 862 兆立方英呎，但因開採頁岩氣需高科技，並由美國掌握，再加上中國所藏地區是在高山峻嶺，因此，產量一直無法突破。預測頁岩氣在未來能源領域中將是重要的來源。另外，頁岩油 (shale oil) 的出現也對全球的石油產業造成一些衝擊。全世界頁岩油的存量估計約為所有原油量的 10% 左右。

2. 核能 (nuclear energy)

核能顧名思義是原子核內的能量，包括使用核分裂與核融合方式所釋放的能量。人類目前因目的不同（發電或武器）所用的核能皆是屬於藉由核分裂 (nuclear fission) 所引發的連鎖反應來釋放原子核內能量，然後產生動力、熱量或電能。不論是核電或核武的發展，鈾 235(235U) 皆扮演一重要的角色。鈾同位素中，未具放射性的鈾 238(238U) 在地球的鈾含量約占 99.3%，而具放射性的鈾 235 僅占 0.7%，因而鈾 235 的提煉及濃縮便成為核能應用一項重要的工作。作為核能發電，鈾 235 濃度需達 3% 以上，而如欲發核武，鈾 235 的濃度則需達到 90% 以上。

圖 3-11 為各國目前（2022 年）核反應爐總數與發電量所占比例。全球電力在 2020 年有 10.1% 由核能提供。截至 2021 年全球可運行的核反應爐總計有 443 座，總裝機容量為 394.2GW，而全球興建中的核反應爐則有 54 座，總裝機容量為 61.2GW。由於核能發電曾引起熱汙染 (thermal pollution)，造成海洋生態浩劫，再加上放射性核廢料儲存及去處的問題，已使美、法、日等國曾經一度不再建新或停止建置中的核能反應爐。然全球 1973 年的石油危機，使核能發電工業曾經風光一時；然而，1979 年的美國三哩島事件與 1986 年的前蘇聯車諾比事件，減緩了核能發電的增加；之後，除了建造中及開發中的國家，核能發電的建造已明顯的下降。另在

2011 年福島核災之後，各國核能政策也做了做調整，如德國因而決定 2022 年各核能電廠除役，成為非核家園國家；法國也逐年調整增加再生能源比例。然而諷刺的是全球目前在面臨減碳的壓力下，核能如今又被認可為清淨能源，加上開發中國家（特別是中國）經濟發展對能源需求的增加，造成不同地區對待核能的態度截然不同。

臺灣過去也曾有 3 廠共 6 座反應爐，提供電力比例近五分之一，具有能源安全上的重要性；但在綠色執政下所倡導「非核家園」，希望逐步停役核能電廠，2017 年發電比例降為 9.3%，並將於 2025 年被再生能源完全取代。然而與化石燃料比較，核能的轉換效率高、所占儲存空間小、無空氣汙染、燃料鈾的蘊藏量尚豐果且價格合理，不排放二氧化碳可減少對地球暖化的衝擊，是以在此原油爆漲、二氧化碳產量控管的時機，過去因環保意識的抬頭不受歡迎的核能發電再度被提出應用。另外，放射性核廢料的儲存及去處也是棘手的問題，且引起許多社會爭議。

核融合 (Nuclear fusion) 也是一種核能。在理論上將兩個較輕的核結合，可將一部分融合的原子核內物質被轉化為光子（能量）。核融合也是提供恆星（太陽）運轉能量的主要作用。藉由核融合來發電雖然可行，但目前還在試驗階段，不過科學家在近年（2023 年）有突破性的發展，預估在未來 10 年內可能商業化。

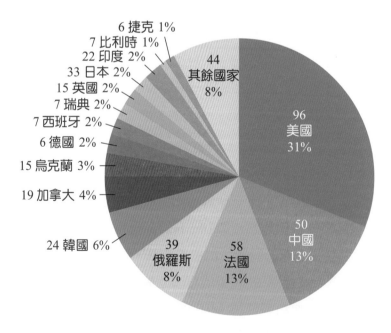

圖 3-11　2022 年全世界各國核反應爐總數（數字）及所占總發電量的比例 (%)

二、非再生能源的問題與危機

使用化石燃料的結果，造成空氣汙染、環境破壞，對環境造成極大的衝擊，尤其是燃燒化石燃料產生大量的二氧化碳將造成全球暖化（見第 4 章），因此化石燃料本身就不是一個對環境友善的燃料型態，更何況這些燃料是有限的。根據 2013 年的統計與推估，石油蘊藏量約可維持 54 年的使用量，天然氣約 61 年，而煤則可維持 142 年（見圖 3-7）。因此，除了煤以外，石油及天然氣在未來的數十年內將逐漸面臨耗竭的窘境。供核電廠發電的鈾燃料，其來源則受技術、成本、地區、蘊藏量、開採方式、使用量等因素而影響蘊藏量的預估。專家估計全球值得開採的鈾應該至少還有 200 年的年限。

🍀 3-2-2　再生能源的種類

既然傳統能源已有用完的危機，對於能源之開源節流是勢在必行的政策，而能源的開源即是努力去創造再生能源。再生能源，顧名思義是可再生的、源源不斷的產出，不會因使用而耗竭，太陽能是最熟悉的一種，因太陽能而引起的風力、水力及生質能，另有地熱與海洋能。因此，一般所指再生能源的種類，大致有太陽能、風力能、水力能（含海洋能）及生質能。地熱亦包含在內，但轉為生活中之能源應用上仍有限。

一、太陽能 (solar power)

太陽光線到達大氣層頂端的輻射量約有 43% 到達地表，其中，直接入射者 24%、經雲層散射者 17%、經大氣散射者 6%，此種生生不息可循環再利用的能源若能善加應用，即符合環境永續發展之定義。以美國為例，在美國土地總面積，以日照 8 小時計，一年所得到的太陽能總量為美國 1996 年的總能源消耗量的六百倍。因此，雖然太陽能有日夜間隔及能量密度低的缺點，但其到處都有、不汙染、永久性的優點，即是各國努力發展的能源種類之一。

太陽能的應用，較常見的是直接將水加熱（太陽能熱水器）及發電，前者利用矽晶吸收太陽能熱傳給水管內的冷水，再將熱水集中於保溫桶中，並配合電熱器以補充陰雨天之熱量；後者又分為太陽光電系統 (photovoltaics, PV) 及聚光太陽能熱發

電（或稱聚焦型太陽能熱發電，concentrated solar power, CSP）。PV 是利用半導體透過光電效應將太陽光轉換成電流的設施，而 CSP 則是一種使用反射鏡或透鏡來集中太陽熱力，並透過蒸汽渦輪發動機而產生的電力，或儲存在熔岩中備用。

由於太陽能是一種潔淨的再生能源，不會產生汙染，對於化石燃料即將耗竭與全球暖化加劇的時代更顯得重要，歐美各國均已強力推動，如在英、德已有以太陽能發電作為主要經費收入的來源之小鎮，而阿拉伯聯合大公國已建立全球第一個環保太陽能永續城。

二、風力發電 (wind power)

風力與太陽能一樣，是自然存在、源源不絕的，亦是一種清潔能源；但風力不像太陽能只在白天日照才有，日夜、陰晴、不分季節均可利用。風力發電的原理乃直接以風的動力帶動渦輪機產生交流電。

太陽能與風能不能限制其何時出現，因此，如要隨時使用則需儲存能量。風力發電如同太陽能之為永不耗竭的能源、發電過程無汙染、可建立自產能源，此外亦可建為觀光景點新地標，如丹麥的海上風力發電場，及澎湖科技大學之風車公園。臺灣的澎湖、臺北至彰化間為陸域最佳風場，但受限於風力只在冬天的季風增強，反倒是海上風場較為豐盛，為陸域的兩倍。近年來，陸上可裝置風力發電的區域已飽和，風力發電裝置已轉至海上，稱為離岸風力發電 (offshore wind power)。圖 3-12 也顯示全球的風力與太陽能發電是近年成長最快速的替代能源，從 2000~2022 年，全球的風力發電裝置容量已從 17~900Gw 增長了將近 53 倍。臺灣海峽的風能存量在世界排名十名內，值得政府大力開發。

三、水力發電 (hydropower)

水力發電是利用水的高位能轉成低位能（位能差）時的能量釋放來推動水輪機以產生交流電。相同原理的應用也可以用在潮差發電（高、低潮）。

水力發電是再生能源利用中重要一環，例如美國的水力發電約占總發電量的 9%、挪威有 99% 的電力來自水力、尼泊爾及巴西則有 95%、紐西蘭 78%、加拿大 58% 及瑞典 50%；而臺灣僅有 2.3% 的電量來自水力發電，比起全球約 19% 的電力需求由水力供應顯然少許多，主因是臺灣河川短而陡峭的地理條件及雨季集中的天

候因素，再加上山坡地過度開發、土壤蓄水能力下降、土石流造成水庫淤積蓄水量減少的人為因素，使水力可用程度減少許多。（見第 6 章）

如同太陽能與風力發電一樣，水力發電來源不斷、發電過程無汙染、可建立自產能源，此外，亦可建立水庫的多重功能，如蓄水以供灌溉、防洪及提供都市飲水等，以及電力調度要求的調整，如尖峰負載可全運轉發電，而離峰時段則可減量；又如明潭發電廠利用日月潭的蓄水配合尖峰發電，而於離峰時段再利用核電廠多餘的電能將留置於明潭的水抽回日月潭備用，此又發揮善用水資源的應用。但建水壩對環境、歷史、人文景觀及生態造成的衝擊與破壞，是無法彌補的，中國大陸長江三峽水壩即是一例。該壩於 1994 年開工後，已造成 116 座城鎮淹沒、140 萬人遷徙；完成後已成功進行發電，並供應華中與華南地區的用電需求，及開啟長江上下游航業新紀元，但水庫中的淤泥及其所形成的後續維護與下游水域的環境、供水、民眾生計、航運等問題皆將陸續突顯出來（見第 6 章）。

四、生質能（biomass energy 或 bio-energy）

生質能係指生物體或有機物（特別是植物）經熱、化學或生物方式轉換而獲取有用能源者。生質能的原料主要有農作物、都市廢棄物、油脂作物及動物脂肪等；生成的應用的產物則有固態、液態及氣態。生質能與化石燃料最大不同是不需經長時間即可產生，但與作物的生產與糧食生產有可能產生衝突，包括土地利用、市場價格變動等問題。

都市廢棄物掩埋（垃圾掩埋場）經適當的設計與正確的操作，是早期廢棄物處理在生質能應用的例子。除可分解垃圾而達安定化、衛生化外，另可產生甲烷氣（可燃燒發電）。而一般家庭回收之廚餘亦可進行堆肥，除可做為有機肥外，亦可產生甲烷用以發電。

動植物油或廢食用油脂則可經技術轉化產生生質柴油 (biodiesel)，直接或混合柴油使用作為燃料。國內發展生質柴油可達到增加自產能源、活化休耕農地、擴大使用綠色潔淨能源、開發整體觀光資源的目的。

如果以澱粉類及糖質類作物發酵生產的酒精則可當做生質汽油 (biogasoline)，並可單獨或混合一般汽油使用。前述作物包括澱粉類如甘薯、玉米、木薯、穀類等，糖質類如甘蔗、甜高粱、甜菜等；近年對纖維物質如稻稈（殼）、蔗渣（莖葉）、

林木廢棄物及廢木屑（塊）亦已研發，可提供製造酒精。生質能曾是全球第四大能源，供應了全球 15% 的初級能源需求，也曾是最廣泛使用的再生能源之一，但目前產電量已被風力與太陽能超越。

然而，由於有些國家大力推廣能源作物，如將原為動物飼料的玉米轉移為生質酒精的原料，進而擠壓到糧食的供應。2000 與 2010 年全世界穀物消耗的狀況資料顯示：生產生質燃料所占比例從 1% 增加至 6%，也造成 2008 年「全球穀物庫存，創 25 年來最低」的狀況，惡化全球糧荒問題，同時也引發各界對生質燃料在再生能源之未來發展所扮演的角色的討論。

五、海洋能源 (marine energy)

大自然的水力，除上述用來發電的水庫之水外，另一水力系統則來自海洋，稱為海洋能源。海洋能源包含以動能發電為原理的海流能與波浪能、以位能差異為原理的潮汐能、以滲透壓力差為原理的鹽差發電，以及以熱能差為原理的溫差發電。茲將不同之海洋發電方式簡述如下：

1. 波浪發電 (wave power)

利用波浪衝撞的力量，波浪湧入預設的密室中壓縮其內的空氣，再由小氣孔噴出，推動渦輪發電。另有以如齒輪或擺動壓縮等機械原理作為波浪發電的動力轉換。

2. 海流發電 (ocean current power)

海洋因太陽的作用與地球的自轉而儲存大量的能量，如海流。臺灣附近海域的黑潮表層流速可達 100cm/sec，它就像空氣中的風，帶動水中的渦輪機即可發電。

3. 潮汐發電 (tidal power)

因太陽、地球與月球的運轉而產生滿潮與退潮之差異，吾人可利用滿潮時儲水、退潮時放水之潮位差而推動渦輪機發電。現今有些潮汐發電已結合海流或波浪發電，只要有水流流動即可。

4. 鹽差發電（salinity gradient power 或滲透壓發電，osmotic power）

鹽差發電是應用兩種不同鹽濃度之海水間的化學電位能差轉換成水的位能驅動水輪機發電，作法是將海水不斷的引入高位塔，並用特殊薄膜相連的淡水槽形成滲透壓力差，使淡水逐漸流向高位塔，然後再透過高水位的水沖擊水輪機而發電。

5. 溫差發電 (thermal energy)

利用海水表面溫度較高與 1,000 公尺以下之冷海水的溫度差異進行發電。溫海水在蒸發槽中把液態氨汽化為氨蒸氣，推動渦輪有動發電；而深海冷海水在凝結槽把氨蒸氣再凝結為液態氨，如此循環而連續發電。

海洋能源是目前所有可再生能源開發最少的，僅占不到 0.001% 的量，因此也是急須在技術與應用上有所突破，才能提高全球再生的比例，其實海洋所蘊藏的能源亦包含由物質所產生非再生性的能源。

六、地熱能 (geothermal power)

地熱的來源主要是地底的地質活動所產生，如：地殼變動產生之火山爆發、溫泉等現象，而後者所噴出之熱水流如能善加利用，如美國勒蓋沙斯地熱電廠，又如溫泉區的溫水取用、溫室花卉栽培、地熱暖房，均是地熱使用的例子。地熱能的應用通常是藉由熱交換的方式把地下的熱抽出並加以利用。

✿ 3-2-3　替代能源的興起

人類在傳統能源不斷的耗竭及產生過多二氧化碳而造成全球暖化、氣候變遷之時，所需思考的是減少傳統能源（以化石燃料為主）的使用，並積極開發新的（再生）能源，即替代能源 (alternative energy) 加以取代。圖 3-12 顯示全球替代能源（包括太陽能）在近 10~20 年間的發展特別迅速。

綠色生質能源的推動，主要是基於創造更多的再生能源，去除對化石燃料的依賴，所利用是源源不絕的太陽能與日益增加的二氧化碳，透過光合作用而成，時間短且環保；國內推動綠色生質能源發展，除提升能源自給率、減少溫室氣體排放、增加農村發展機會外，並且能有效利用生質能與廢棄物，亦同時能解決經濟、能源、環保等多方問題。

近年很夯的燃料電池 (fuel cell)，其燃料有氫氣、甲醇及乙醇，乃因該物質均能分解出氫離子，經由滲透膜組與氧離子結合，過程中即有電子的流動而產生電流。以氫氣做為燃料電池的燃料不但發電效率高，且發電過程幾乎無汙染，是未來極具發展潛力的能源之一。燃料電池另有固態燃料電池，運轉溫度較高，一般應用於工業較多。

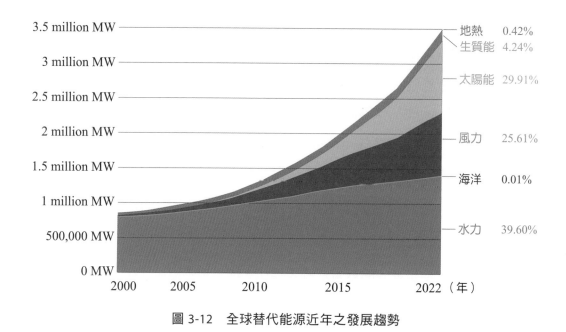

地熱	0.42%
生質能	4.24%
太陽能	29.91%
風力	25.61%
海洋	0.01%
水力	39.60%

圖 3-12　全球替代能源近年之發展趨勢

3-3　能資源的未來展望

　　由於人類大量與過量的使用化石燃料，環境已轉變為對人類生存不利，有些資源已過渡利用，必須限制並減少其再繼續被使用；在開採新資源的機會有限的情況下，加上投資及風險高，且部分對環境的衝擊將增大，不僅資源保育刻不容緩，替代能源更須快速地取代傳統燃料，而能源使用的效率應再提升及確保能資源供應網也須更新及大幅改善。以上幾點都是第三次工業革命[4]的首要工作。

　　人類對於有限的資源，必須善加利用，除了減少開採、維持生態平衡外，盡量使用大自然所存在的材質，並努力開發可回收之替代材料，使人類的文明不至於對地球環境造成格外的負擔。

　　基於前述對資源的善用，人類對於能源的應用亦能如此，傳統化石燃料之儲量已呈現快速下降，開發新的能源替代之路更是刻不容緩。傳統燃料的優勢正在下降：燃料的能量投資回報率[2](energy return on investment, EROI) 至少要達到 5 以上才符

合現代經濟體系所需。幾十年來，從傳統礦區開採的石油遠高過上述 EROI 值，但現在已逐漸下降。替代來源如重油（由較長的碳氫化合物分子練組成的濃稠石油），因為生產過程更耗費能源，EROI 也比較低。但是其他替代燃料，像是大豆提煉的柴油，則帶來一些希望。

再生能源的興起因而再給人類燃起希望，但每種能量的生產都伴隨不同成本的消耗，端看用何種方式計算。圖 3-13 是各種能源產生每千度（MWh，百萬瓦小時）電量的價格範圍（美元）。太陽能的發電成本曾經是最高的，而有些再生能源的發電成本也逐漸地能與以化石燃料發電的價格相當。台電的發電成本，30 年前的 1.97 元／度，至 2013 年的 3.04 元／度，成本漲幅已超過 50%，然而其售價幾乎沒變，便宜的電價，讓國人不知節約用電的重要，是國人應思考的主題。因此，對於往後的發展，除了要注意新興能源對人類生活的衝擊外，對於能源科技的開發與能資源的永續利用必須加倍投入。

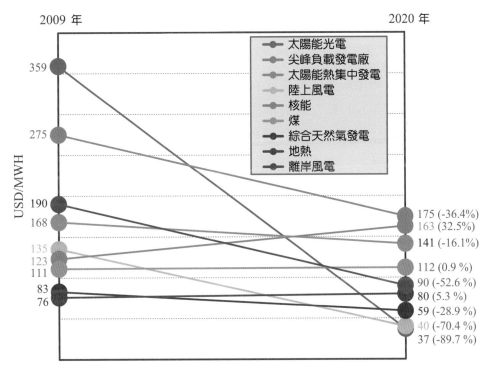

圖 3-13　各種發電方式產生每千度電 (MWh) 或能量的成本（美元），括弧內數據為增或減百分比

3-3-1　新興能源對人類生活的衝擊

　　雖然全球暖化是因大量使用傳統能源而產生過量二氧化碳之結果，而減少傳統能源之使用，固然可達減碳效果，但在人類對於能源之需求只增不減的情況下，提倡正確的能源使用及開發能源新科技以提升能源的使用效率，亦是節能減碳的有效方法。

　　為因應全球暖化問題，提倡正確的能源使用，碳足跡 (carbon footprint) 的概念因此而產生。碳足跡為與一項活動 (activity) 或產品的整個生命週期過程所直接與間接產生的溫室氣體排放量，並換算成二氧化碳當量的總和。以一產品的碳足跡而言，其碳排放量尚須包含產品原物料的開採與製造、組裝、運輸、使用及廢棄處理或回收時所排放的溫室氣體。

　　碳足跡標籤 (carbon footprint label)，又稱碳標籤 (carbon label) 或碳排放標籤，是一種用以顯示產品碳排放量之標示方式。透過碳標籤制度的施行，能使產品各階段的碳排放來源透明化，促使企業調整其產品碳排放量較大的製程，也能促使消費者正確地使用產品，以達到減低產品碳排放量的最大效益。

　　英國政府於 2001 年所成立的碳信託 (carbon trust) 於 2006 年所手推出之碳減量標籤 (carbon reduction label) 是全球最早推出的碳標籤。我國環保署也於 98 年 9 月舉辦「臺灣碳標籤徵選活動」，選出「臺灣碳標籤」圖，如圖 3-14。

圖 3-14　臺灣碳標籤

3-3-2 能源科技

能源的來源，除前述利用自然現有資源將之轉為所需不同形式的能源加以使用外，近年來亦應用各種轉換技術，將容易取得、不必受限於物質資源存量之材料轉成符合現有產品使用之能源者均可稱之為能源科技，即以提高能源使用效率及開發新應用技術為主。

在屋頂上裝設太陽能光電系統或者是風力機，房屋便可當發電場所！但如有人問：「人身上也可發電嗎？」答案是肯定的，因為太陽能板已經可折疊帶著走，可發電的奈米布（衣）也已發明，把可發電之關節裝於關節走路也可發電。而如有「汽車不用汽油、柴油也能走嗎？」當然可以，因此才有瓦斯車。此外，還有生質能（生質柴油、生質汽油）的動力，而更勁爆的「汽車吃空氣也能走！」「氫氣也可當汽車的燃料！」除了太陽能的應用，利用「風箏拉貨輪，燃料省一半」，不但省能源、也減少汙染物的排放；全球第一座潮汐發電也已設置完成運轉中。

以下介紹「汽電共生」、「氣化」、「氫能」及「智慧型電網」四種能源科技：

1. 汽電共生 (steam/electricity co-generation)：汽電共生系統係指在使用燃料或處理廢棄物的同一流程中能同時產生熱能（或蒸汽）及電能的能源利用方式。其優點是：節約能源、減少環境汙染、較高經濟效益。

2. 氣化 (gasification)：氣化原理乃在高溫及不充分氧化劑環境下，使燃料與空氣（或氧）進行不完全或部分燃燒，甚至通入水蒸汽反應以產生可燃性氣體及部分焦油，而燃氣主要包含了一氧化碳、氫氣與部分甲烷，前兩者稱之合成氣。氣化具有燃料多元性、發電效率高、用水量低、汙染物排放量低及可生產其他化工副產品等優點。

3. 氫能 (hydrogen energy)：氫氣除是化工業的重要原料外，近年來眾所矚目的燃料電池，其運轉重要燃料之一即為氫氣。以氫氣做為燃料電池的燃料不但發電效率高，且發電過程幾乎無汙染；此外，在交通運輸方面，燃燒氫氣以做為汽車引擎動力來源目前亦深受汽車界研究發展的重視。

4. 智慧型電網 (smart grid)：透過電腦之高速運算及配電網路，在不同時間、不同地點的用電需求均可依各種狀況做調配，是未來節約用電的方式。以往中央式 (centralization) 的產電與配電方式消耗太多電能，因此必須建立去中央化 (decentralization) 或分散式 (distributed) 之電力系統[3]，三種圖示如圖 3-15。

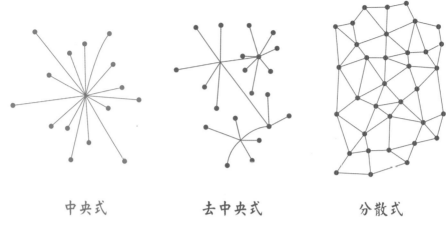

| 中央式 | 去中央式 | 分散式 |

圖 3-15　中央式、去中央式及分散式電網圖示

5. 其他能源科技：如掛在空中的微型風力發電機－甜甜圈、波浪發電的海蛇、大陸利用地形地景所發展的微水力及風光發電系統，此等都是能源科技成功的例子。而臺灣在強力推行再生能源的政策下，包含農漁種電之廣設，亦是改變農業收益的利基。

🍀 3-3-3　能資源的永續利用

　　地球資源有限，人類又不斷地追求經濟成長，如要建立永續環境，人類必須負起社會責任，因此，必須建構永續社會的運作模式，其要求是：低碳、低耗能、低資源消耗、低環境衝擊、維持與自然環境之協調（見第 7 章）。要符合以上要求，新世代需有新生活觀念及方式，包括：節能減碳、簡約生活及綠色消費，如此才能減少全球化衝擊、降低全球暖化與氣候變遷衝擊；此外，綠色科技與產業必需加快腳步、公部門必需創造有利環境，並訂定友善能資源管理策略。

　　所謂「節能減碳」即是要減少能源的使用，降低二氧化碳的排放，此乃近年來全球暖化後新興的議題，其原因如前文所述。在人類大量使用傳統能源後，對地球環境所產生的衝擊，已超乎人類所能負荷的極限。為了地球永續經營，各國分別投入「節能減碳」的各項研究與開發。就教育、人才培育立場，要將「節能減碳」的概念落實於生活面，除有必要讓人類知道當前地球所承受之「環境衝擊」及要「永續經營」地球外，亦施以「綠色能源」、「綠色產品」的基本常識，以達到「綠色消費」、「綠色生活」的目標。

　　「綠色能源」除了需認識再生能源外，對於節能效率及生活節能亦需了解；而「綠色產品」(green product) 則從生命週期評估與生態效益的觀點切入，達到綠色材料、綠色設計 (green design) 及綠色生產的階段，最後獲得環保標章；至於「綠色消費」(green consumption) 則從認識綠色標章開始、了解綠色商店設立的背景條件，最後進行綠色採購 (green purchase)；「永續經營」則由綠色經濟、綠色環境及綠色社會植入「綠色『心』生活」。

一、生活節能

　　家庭中的能源大致有三種：瓦斯（天然氣）、水及電，其中，水及電的使用頻率較高，也最有機會節省。節水方面只要多注意一下出水處即可，如水龍頭盡量不要全開、馬桶水箱要有節水裝置及平時檢查有否漏水、洗澡以沖澡為主、洗衣節水等。至於用電方面則較易被疏忽，但如稍加留意則有較多節能機會。財團法人臺灣綠色生產力基金會與節約能源中心皆有編印「家庭節約能源手冊」。該手冊先從綠色住宅建築設計開始，再以空調設備、照明燈具、廚房用具、衛生設備、育樂器具等分章敘述，而各種家電如何選購、安裝、使用與保養均有說明；而能源局也給予12 種家電的節能標章，供民眾選購參考，可上該局網站點閱。

　　如就所熟悉的食、衣、住、行及育樂五方面而言，依台電節能宣傳，摘錄如下：
1. 食：食物冷卻才入冰箱、冰箱儲 8 分滿、少開冰箱、米浸泡 30 分再煮。
2. 衣：洗前先浸泡 20 分、夏天著透氣衣可少吹冷氣、冬天保暖不用暖氣、衣物自然乾。
3. 住：配合風扇將冷氣設定 26~28°C、少用白熾燈泡、隨手關燈。
4. 行：上下樓內不搭電梯、出門搭乘大眾交通工具、選購省能車。
5. 育樂：拔掉長久不用之電器插頭、電腦設休眠、音樂音量適合、少看電視多運動。

二、綠色消費

　　「綠色消費」著重如何改變消費之模式，也包括降低消費量；購買物品時，選擇對環境傷害最小的，如有環保標章者。常見的環保標誌如圖 3-16。以下是與綠色消費有關的各種行為或活動。

1. 綠色產品：「低汙染、可回收、省資源」是綠色產品的指標。

2. 綠色商店：銷售環保標章產品達 3 種以上、明顯標示綠色產品之陳列處、設置資源回收設施。

3. 綠色採購：優先考慮回收材料製造之物品，並確保對環境方面以及人類健康的影響必須最小。

4. 綠色供應鏈：主動銷售可回收之產品、使用及設計可回收之產品、採購可回收之產品、回收管道之建立等。

常見環保標誌

臺灣省水標章　美國能源之星　德國藍天使　臺灣環保標章　歐盟花卉標誌　美國環保標章

圖 3-16　常見的環保標誌

 註 解

1. 沙漠化 (desertification)：係指原由植物覆蓋的土地變成不毛之地的現象。此處所指的「沙漠」，多數強調土地不適合植物生長或發展農業，而非因為地域氣候本身乾燥所造成的沙漠。

2. 能量投資回報率 (energy return on investment, EROI)：在一能源轉換過程所產生的能量與提供此過程所用間接及直接的全部能量之比。

3. 中央式或中央化的配電是指一般住戶或商工用電，皆來自於大型之發電廠，經過配電系統流送至各地，但也導致電能在輸運過程中大量的消耗。如果各地區能利用中小型的發電設施（包括自家或公司的自行發電），而大範圍地區透過智慧電網系統，將這些電力予以適當分配，則能減少電能輸送的浪費。此即去中央化及建立分散式配電之主要目的。

4. 第三次工業革命是人類文明繼蒸汽技術革命（第一次工業革命）和電力技術革命（第二次工業革命）之後的又一次重大躍進。第三次工業革命以核能、新興能源、電腦、互聯網、空間技術和生物工程的發明和應用為主要發展領域。

習題與討論 EXERCISE

一、選擇題

(　) 1. 下列何者是再生資源？　(A) 銅　(B) 石油　(C) 煤　(D) 水。

(　) 2. 下列何者不是水資源危機的原因？　(A) 可用淡水很多　(B) 人口成長　(C) 環境汙染　(D) 氣候變遷。

(　) 3. 有關水足跡的描述，下列何者為誤？　(A) 又稱虛擬水　(B) 代表商品在生產過程中消耗的用水量　(C) 可做為水資源管理之依據　(D) 是用腳踏過水的痕跡。

(　) 4. 下列何者不是土地退化的原因？　(A) 擁有生物多樣性　(B) 土壤沖蝕　(C) 土地汙染　(D) 氣候變遷。

(　) 5. 下列何者不是再生能源？　(A) 太陽能　(B) 核能　(C) 生質能　(D) 水力。

(　) 6. 下列何者不是海洋的非取用資源？　(A) 海洋運輸　(B) 海洋休閒　(C) 賞鳥　(D) 漁蝦。

(　) 7. 下列何者之能源的轉換效率最高？　(A) 機械能變成電能　(B) 電能變成光　(C) 化學能變成電能　(D) 電能變成機械能。

(　) 8. 下列何種能源的使用最具汙染？　(A) 天然氣　(B) 石油　(C) 煤　(D) 太陽能。

(　) 9. 下列何者不是海洋能？　(A) 波浪　(B) 潮汐　(C) 鹽差　(D) 海嘯。

(　) 10. 下列何者不是綠色消費的概念？　(A) 購買綠色產品　(B) 選購有綠色商標的貨品　(C) 選購高檔精品　(D) 購買可回收材料的商品。

二、問答題

1. 請簡述水的功能有哪些？

2. 請簡述與我們生活息息相關的能源有哪些？

3. 請簡述海洋能源有哪些？

4. 請簡述核能發電之利弊。

5. 請簡述在生活環境中有哪些生質能？

參考資料 REFERENCES

1. 水足跡網站：http://waterfootprint.org/en/

2. 世界自然基金會 World Wildlife Foundation：http://www.worldwildlife.org/

3. Hinrichs and Kleinbach, 2002, Energy: Its Use and the Enviroment, 5th Edition.

4. http://www.fao.org/docrep/u8480e/u8480e0d.htm

5. http://techieunspotted.blogspot.tw/2010/04/how-long-will-rare-metals-last.html

6. http://www.grid.unep.ch/waste/html_file/16-17_consumption_threat.html

7. https://en.wikipedia.org/wiki/World_energy_consumption

8. BP Statistical Review of World Energy, 2013

9. Renewables energy, 2014 Global Status, 2014

10. https://www.oecd-nea.org/press/press-kits/economics.htm

11. Jeremy Rifkin 著，張體偉、孫豫寧譯，2013，第三次工業革命：世界經濟即將被顛覆，新能源與商務、政治、教育的全面革命 (The Third Industrial Revolution: How Lateral Power Is Transforming Energy, the Economy, and the World)，經濟新潮社。

memo

Environment *and* *Life*

全球環境
變遷與生活

04

FOREWORD　前言

2023 年 6~8 月連續 3 個月的破紀錄高溫，成為自 1940 年有氣溫紀錄以來最炎熱的夏季，美國亞利桑那州鳳凰城 2023 年 7 月創下連續 30 天高溫超過 43.3℃（華氏 110℉）的紀錄。亞洲、非洲、歐洲和北美遭逢熱浪、乾旱和野火侵襲，對經濟、生態和人類健康造成劇烈影響。聯合國秘書長古特瑞斯 (António Guterres) 沉重地提出警告，地球正從暖化步入全球沸騰的時代 (The era of global warming has ended; the era of global boiling has arrived.)。氣候不僅影響我們的生活作息，同時也會對經濟發展產生不同程度的衝擊，包括生產製造、交通運輸、勞動力、能源運用、營運風險等。陸續的高溫紀錄可能對生態系統與環境帶來毀滅性影響，亟需要全球合作共同應對，然而富裕與貧窮國家的氣候不平等顯而易見，前者需為絕大多數的排放負責；後者則承擔氣候變遷所帶來的衝擊。人類從進入 20 世紀後，人口遽增、大量消耗資源、壓縮其他生物生存空間、製造汙染等各種行為造成自然環境在本質、規模、範圍、時間尺度上皆有大幅度的改變。很多的環境問題不再僅侷限於特定時間或地區，有些已達全球性或大區域性的影響，包括全球暖化、臭氧層的破壞、酸雨、森林地的破壞、海洋環境的惡化等。本章將逐一介紹並說明原因、現況以及未來的展望。

4-1　全球暖化

　　全球暖化 (global warming) 是指靠近地表面或海表面的全球平均氣溫逐漸升高的現象。此現象在 20 世紀中期以後趨於明顯，全球平均溫度和百年前相比偏高。根據美國國家海洋暨大氣總署 (National Oceanic and Atmospheric Administration, NOAA) 的資料顯示，1880~2022 年全球平均氣溫（包含陸地及海洋）的上升趨勢約為 0.08（℃／十年），而近 30 年則為 0.21（℃／十年），增暖速度明顯，近 10 年（2013~2022 年）全球年平均氣溫則約增加 0.68~1.03℃，其中以 2016 年增暖幅度最大。全球暖化日益嚴重，聯合國警告 2023~2027 年將是有紀錄以來最熱的 5 年，世界氣象組織甚至指出，2023~2027 年間即有可能（機率為 66%）至少 1 年的全球地表年均溫將超過工業革命時代以前的 1.5℃，我國的長期氣溫變化趨勢也同樣存在暖化的特徵。

🍀 4-1-1 成因與現況

一、成因

太陽是地球的能量來源，舉凡生物的生長、大氣和海洋的運動、水的循環等，驅動力都來自太陽。通常有大氣層的星球就會有「溫室效應」(greenhouse effect)。適當的溫室效應，讓地球維持在適合生物生存的溫度（圖 4-1）。地球大氣中重要的溫室氣體包括：水蒸氣 (H_2O)、臭氧 (O_3)、二氧化碳 (CO_2)、氧化亞氮 (N_2O)、甲烷 (CH_4)、氫氟氯碳化物類 (CFCs，HFCs，HCFCs)、全氟碳化物 (PFCs) 及六氟化硫 (SF_6) 等，能吸收地球表面的輻射能量，吸收後再向四面八方散熱，使近地表大氣保持溫暖。水蒸氣也具有吸收地表長波輻射的溫室效力。如果沒有這些溫室氣體，地球表面的平均溫度應約為 $-18°C$，而非現在合宜的 $15°C$。溫室效應越強，地球表面的溫度越高。自工業革命以來，人類活動所產生的二氧化碳 (CO_2)、甲烷 (CH_4)、氧化亞氮 (N_2O)、氟氯碳化物 (CFCs，HFCs, HCFCs)、全氟碳化物 (PFCs) 及六氟化硫 (SF_6)、臭氧 (O_3) 等溫室氣體 (greenhouse gas, GHG) 濃度明顯增加。這些氣體吸收紅外線輻射而影響到地球整體的能量平衡，當吸收的輻射量多過釋放量，將使得地球表面溫度上升。人類活動釋放出的大量溫室氣體，加強了「溫室效應」的作用，導致暖化的現象發生。我國「溫室氣體減量及管理法」所管制的 7 種溫室氣體，包括二氧化碳、氧化亞氮、甲烷、氫氟碳化物 (HFCs)、全氟碳化物、六氟化硫及三氟化氮 (NF_3)。

溫室氣體的另一個特性是其生命期長，這些氣體一旦進入大氣，對地球之影響是長久且全球性的，故從地球任何一個角落排放至大氣的溫室氣體，都足以影響全球各地的氣候。由於水蒸氣及臭氧的時

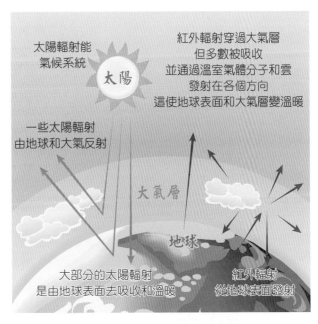

圖 4-1　地球的溫室效應

空分布變化較大，因此在進行減量措施規劃時，一般都不將這兩種氣體納入考慮。聯合國於 1997 年在日本京都召開的氣候變化綱要公約第三次締約國大會中所通過的「京都議定書」(Kyoto Protocol)，即著手規範工業國所釋出的六種溫室氣體，訂定排放目標，以期減少溫室效應對全球環境所造成的影響。管制的溫室氣體的主要排放來源與對全球之暖化潛勢（global warming potential, GWP，如表 4-1）全球暖化潛勢為一段期間內一質量單位的溫室氣體之輻射衝擊，相對於相等單位的二氧化碳之係數，將二氧化碳的 GWP 值定為 1，CH_4 能吸收的熱約為二氧化碳的 25 倍；N_2O 所吸收的熱約為二氧化碳的 298 倍，其他如氫氟碳化物、全氟碳化物與六氟化硫之暖化潛勢更為驚人。二氧化碳當量 (CO_2e, carbon dioxide equivalent) 是溫室效應的度量單位，其概念是把不同的溫室氣體對於暖化的影響程度用同一種單位來表示。一種氣體的二氧化碳當量等於該氣體的量（排放量或濃度）乘以它的全球暖化潛勢。對全球升溫的貢獻率而言，由於二氧化碳釋出量較多，對於地球增溫的貢獻比例也最大，約為 55%。地球古代大氣中二氧化碳的含量不斷在變化，其與火山爆發

表 4-1　溫室氣體的主要來源與全球暖化潛勢

溫室氣體	GWP 全球溫暖潛勢	排放來源
二氧化碳 (CO_2)	1	燃燒化石燃料（例如石油、煤、天然氣）、土地利用變更、工業製程
甲烷 (CH_4)	23	畜牧業（家畜腸道發酵作用）、農耕、厭氧汙水處理
氧化亞氮 (N_2O)	296	化學工業製程（基本化學原料：硫酸、硝酸、碳化鈣）、燃燒石化燃料
氫氟碳化物 (HFCs)	12~12,000	冷凍冷藏設備的冷媒、半導體製程
全氟碳化物 (PFCs)	5,700~11,900	光電半導體業、封裝
六氟化硫 (SF_6)	22,200	半導體製程、重工業、電力業、鋁鎂合金、平面顯示器產業
三氟化氮	17,200	製造平面電視、電腦顯示器、小型電路和太陽能板

頻率有關，然而自工業革命以來二氧化碳的濃度不斷增加。2023 年 8 月夏威夷的莫納羅亞觀測站 (Mauna Loa Observatory) 測得的大氣中二氧化碳 (CO_2) 濃度為 419.68（2019 年 410ppm，2021 年 419ppm）、甲烷 (CH_4) 濃度為 1922.26ppb，一氧化二氮 (N_2O) 濃度則為 336.63 ppb。就全球觀之，工業革命前大氣中二氧化碳的濃度均值為 280ppm，增加至 2022 年 6 月已突破 420ppm，美國國家海洋暨大氣總署「全球監測實驗室」(Global Monitoring Laboratory) 科學家坦斯 (Pieter Tans) 說：「我們每年製造近 400 億公噸的二氧化碳釋放至大氣中。」如果想避免災難性的氣候變遷，應盡快將二氧化碳淨排放量降為零。

國際能源總署 (International Energy Agency, IEA)《2022 年全球碳排放報告》(CO_2 Emissions in 2022) 指出，全球碳排於 2022 年共計有 36.8 兆噸 (Gt)，其中能源相關部門碳排放較前一年增加約 0.9%（3.21 億噸），但與全球新冠疫情穩定後航空交通的恢復以及烏克蘭戰爭導致能源緊張的國家恢復使用煤炭有關。

臺灣所需的能源使用高度仰賴進口，加上工業能源消耗占比高及環境負荷大，對我國經濟發展及環境保護的衝擊日趨嚴峻；雖然在政府積極推動節能減碳相關政策下，我國化石燃料燃燒的二氧化碳排放量，自 2008 年出現 1990 年以來首度負成長後，2008~2012 年的年排放量平均每年下降 0.6%，但近十年為了因應全球 2050 淨零碳排的目標，臺灣目前正處於能源轉型的過渡期，碳排未有明顯降幅且未來可能有再增長的趨勢（見第 6 章）。

二、現況

根據美國國家海洋暨大氣總署 (NOAA) 的資料顯示，2022 年包含陸地及海洋的全球平均氣溫比過去百年（1901~2000 年）平均值高出 0.91℃，為 1880 年以來的第 6 暖。分析長期趨勢，1880~2022 年全球平均氣溫上升趨勢約為 0.08（℃／十年），而最近 30 年 0.21（℃／十年），增暖速度明顯。進一步分析全球溫度變化趨勢，除了線性的暖化趨勢，百年以來亦存在有明顯的年代際振盪特徵，1880~1910 年、1940 年代中期至 1970 年代初期溫度分別為下降、持平的趨勢，約 1970 年代中期迄今的增暖趨勢明顯。自 1977 年（含）以來，全球平均溫度已經連續 46 年年平均溫度高於百年氣候值，且最近 9 年均為排名百年來的前 10 名高溫，其中 2016 年增溫為幅度最高者，達 1.03℃，2022 年排名第六，亦達 0.91℃。

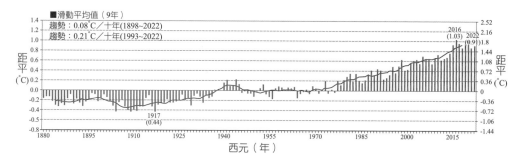

圖 4-2　1880~2022 年全球溫度距平之時間序列圖，圖中紅色／藍色長條分別表示正距平／負距平溫度，5 年滑動平均為黑色實線，圖左上數值分別為百年及近 30 年之上升趨勢值，單位為 ℃/10 年。平均值使用 1901~2000 年的 100 年平均做為參考。

　　根據美國國家海洋暨大氣總署資料顯示（圖 4-2），2016 年創下 1880 年有記錄以來最高溫紀錄，比 20 世紀平均高出 0.94℃，也比 2015 年高出了 0.04℃。進一步分析 1880~2010 年全球溫度距平顯示，全球溫度在 1980 年後為正距平且溫度隨時間往上攀升，除第 3 名高溫年為 1998 年之外，其餘前 10 名高溫年均集中在最近 10 年間（2001~2010 年）。最近 10 年的平均氣溫較百年氣候值高出 0.56℃，為 1880 年以來最暖的 10 年。

　　在長期趨勢方面，1880~2022 年全球平均氣溫上升趨勢約為 +0.08℃/10 年，而最近 30 年每 10 年上升為 0.21℃，增暖速度更加明顯，進一步分析全球溫度變化趨勢，全球平均氣溫除線性的上升趨勢之外，亦存在明顯的年代際振盪特徵，如 1911~1944 年以及由 1976 年迄今的兩個時期溫度大致呈現上升趨勢，溫度呈下降趨勢的兩個時期分別為 1880~1911 年以及 1944~1976 年，每個溫度呈上升及下降趨勢的時期大約為 30 年左右。另 1970 年代中期迄今的增暖趨勢明顯，自 1977 年（含）以來，全球平均溫度已經連續 46 年年平均溫度高於百年氣候值，且最近 9 年均為排名百年來的前 10 名高溫。

　　根據中央氣象局針對臺灣溫度長期趨勢的監測報告，臺灣長期氣溫變化趨勢也同樣存在暖化及年代際變化的特徵，從 6 個百年測站（臺北、臺中、臺南、恆春、花蓮及臺東）資料看出，6 個測站平均溫度均於百年來有上升的趨勢，且其上升趨勢均較全球均溫明顯，而近 30 年上升趨勢，臺北、臺中及恆春站較全球高，臺南、花蓮及臺東較全球略低。

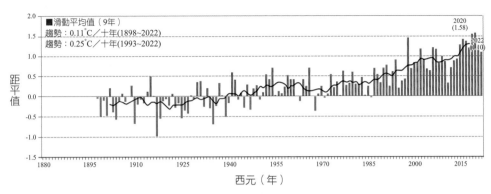

圖 4-3　1901~2022 年臺灣 11 個平地代表測站之溫度距平時間序列圖。圖中紅色／藍色長條
　　　　分別表示正距平／負距平溫度，黑色實線為 9 年滑動平均，單位為 °C，圖中左上方
　　　　數值分別為百年及近 30 年之上升趨勢值，單位為 °C/10 年。
資料來源：交通部中央氣象局 https://www.cwb.gov.tw/Data/climate/Watch/trend/trend-
　　　　monitor_2022.pdf

　　若以全臺 11 個平地站代表臺灣溫度變化幅度，2022 年臺灣的平均氣溫較過去
百年氣候值高 1.10°C（圖 4-3）。若就長期趨勢而言，臺灣 1898~2022 年、近 30 年
（1993~2022 年）11 個平地站溫度趨勢分別為每 10 年上升 0.11°C 及 0.25°C，均較
全球均溫的上升幅度明顯。6 個百年測站平均溫度上升趨勢均較全球均溫明顯，而近
30 年上升趨勢，臺北、臺中及恆春站較全球高，臺南、花蓮及臺東較全球略低。臺
灣過去百年來，平均溫度增加了 1.1°C，也比鄰近的日本、中國大陸高，臺北市的夜
間平均氣溫，甚至增加將近 2°C。為何臺灣的暖化現象比較嚴重？環境變遷專家歸納
原因，除了反映暖化的全球現象外，臺灣人口密度高居全世界第二，且總能源消費
量高居全球第 21 名，是加強暖化現象之關鍵。

4-1-2　衝擊與影響

　　氣候是一種環境狀態的表徵，其牽涉到許多自然力與作用，也更牽連著地球上
各種現象與整體生態圈狀況以及提供的服務（生態系統服務，見第 2 章），而人類
的生活更是與氣候息息相關。古人所謂：「靠天吃飯」，現代人難道不是嗎？現今
地球上的氣候狀態，是地球的物質環境與生物歷經長時間（幾萬年～幾十萬年）共
同演變的結果，而生物本身也逐漸演化出不同的適應方式。但是氣候如果在很短的
時間內（例如人類在近 200 年內才開始有能力影響整體氣候）有明顯的改變，則產

生的衝擊會讓自然系統甚至人類的社會無法及時適應。圖 4-4 顯示出這種大環境的變動都與人類社會文明發展過程中的的不同活動皆有關連，也同時表現出其後續產生的影響。據估計，人類活動所導致的地球暖化，已高出前工業革命水準約 1.0℃，可能的範圍為 0.8~1.2℃ 之間。若以目前暖化速度持續增加，可能在 2030~2052 年間，地球暖化便會超過 1.5℃，預估 6% 的昆蟲、8% 的植物和 4% 的脊椎動物分布範圍會減少 50%，極端高溫對生物多樣性及生態系統造成的衝擊將使得數以百計的物種喪失；陸地及海洋發生大規模生物死亡的事件。聯合國的報告指出過去十年，氣候高度脆弱的地區因熱浪、洪水、乾旱和風暴所造成的死亡人數，比氣候脆弱度低的地區高 15 倍。都市熱島也擴大城市中傳染疾病帶來的風險，如瘧疾及登革熱等疾病傳播。氣候變遷已經對自然環境和人類社會造成了廣泛的損失和破壞，然而這樣的情況可能變得更糟。聯合國於 2015 年 12 月 12 日第 21 屆氣候變化綱要公約會議 (Conference of the Parties, COP21) 中，共 195 個國家達成《巴黎協議》(Paris Agreement)，且於 2020 年正式生效。在加強全球應對氣候變遷威脅、永續發展和努力消除貧困的背景下，聯合國指示其所屬機構，即政府間氣候變遷專家委員會 (Intergovernmental Panel on Climate Change, IPCC) 著手準備相對於工業革命前地球暖化 1.5℃ 後所產生的影響，以及相關的全球溫室氣體排放途徑之影響的特別報告。IPCC 為負責集結全球氣候變遷相關科學成果之組織，自 2015 年開始每 5~7 年發布一次評估報告，也曾提出「地球暖化 1.5℃」(Global Warming of 1.5℃, 2018)、「氣候變遷與土地」(Climate and Land, 2019)，以及氣候變遷下的海洋與冰凍圈 (The Ocean and Cryosphere in a Changing Climate, 2019) 等特別報告。該組織於 2023 年 3 月 30 日發布氣候變遷「第六次評估報告」(Sixth Assessment Report, AR6)，並指出全球暖化的衝擊正持續發生，同時也公布最新氣候科學評估綜整報告 (AR6 Synthesis Report, SYR)，報告指出人類活動排放的溫室氣體導致全球暖化加劇，極可能在 2030~2035 年之間突破 1.5℃ 的全球溫控目標，且按此趨勢，本世紀末的升溫幅度恐怕會逾越 3℃，並極力呼籲國際間應積極回應「巴黎氣候協定目標」，以控制升溫於 1.5℃ 以內。AR6 報告已明確地指出，氣候變遷在全球的影響已然顯現，部分負面影響所造成的後果更已無法逆轉，並將持續惡化，甚至終結人類文明，我們不可不謹慎面對。茲將全球暖化造成的影響分述如下：

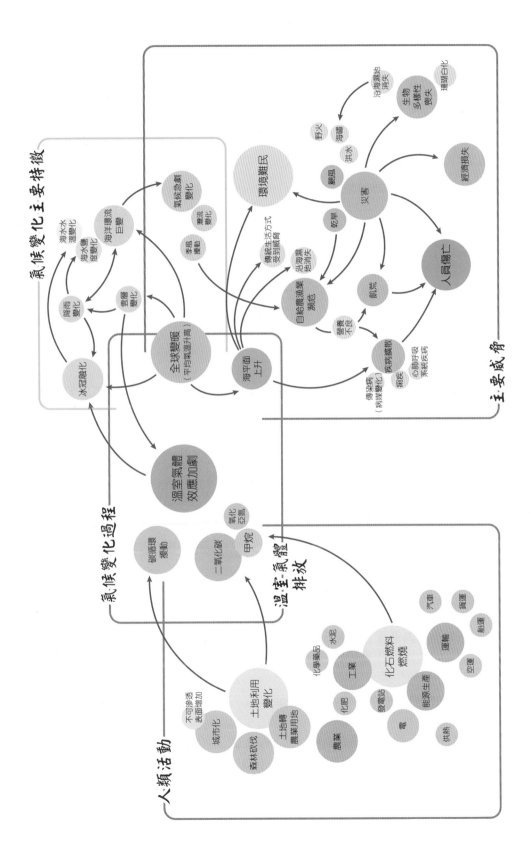

圖 4-4　全球暖化導致氣候變化及產生之衝擊示意圖

一、海平面上升

全球變暖造成海水受熱膨脹，並使水平面上升以及冰川和格陵蘭、南極洲上的冰塊溶解，使海洋水量增加。IPCC 第六次評估報告評估海平面相關的最新監測和數值模擬指出，目前（2006~2018 年）的海平面上升加速（3.7mm ／年），在未來將持續上升且為不可逆趨勢。在升溫低排放 (SSP1-1.9) 和高排放 (SSP5-8.5) 情境下，預估 2050 年全球平均海平面將分別上升 0.15~0.23m 和 0.20~0.30m；預估到 2100 年全球平均海平面則分別上升 0.28~0.55m 和 0.63~1.02m（圖 4-5）。評估報告中警告，長期暖化下來，海平面上升預計可能淹沒 15% 的太平洋島嶼。到了 2100 年，部分亞洲城市很可能因海平面上升而變成沼澤，其中加爾各答、孟買、達卡、上海、曼谷、胡志明市和仰光等城市最危險。暖化造成海平面的顯著上升，對沿岸低窪地區及海島將造成嚴重的經濟損害，淹沒較低窪的沿海陸地，衝擊低地國及多數國家沿海精華區，造成很大的傷害。

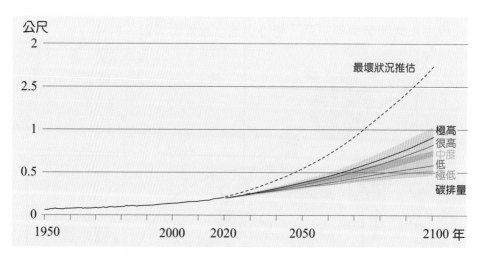

圖 4-5　近年全球海平面上升趨勢以及未來在不同碳排放量的情境下的推估情形
（資料來源：IPCC AR6, 圖 SPM.8）

二、極端氣候事件強度與頻率增加

全球暖化會增加極端氣候事件的次數及嚴重性，例如：暴風雨、水災、乾旱、酷寒、颶風、山崩和大火災。根據 AR5 報告指出，極端天氣和氣候事件自 1950 年以來，北半球中緯度地區的降雨量持續增加；熱浪在歐洲、亞洲跟澳洲發生頻率增加；北大西洋熱帶颶風的發生頻率亦有所增加（圖 4-6）。

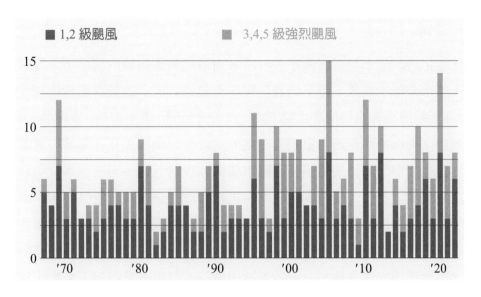

圖 4-6　大西洋地區颶風頻率的歷史數據（1969~2022 年）

　　臺灣全島 75% 以上是山地，平均海拔 660 公尺，河川坡度大、水流急，加上部分地區大規模土地開發與都市化，使得土地含水能力減弱，對暴雨及颱風引發的災害抵抗力也降低。臺灣地區之水文豐枯更加懸殊（豐越豐、枯越枯）。根據臺灣中央氣象局測站長期之年總降雨日數趨勢數據顯示，近期豐枯水年循環大幅縮短為 7 年，豐水年（超過 3000 公釐）和枯水年（低於 1500 公釐）的整年雨量相差兩倍以上，其中豐水期（5~10 月）占整年雨量的 7~9 成，近乎無水的枯水期長達半年，此種趨勢在南部和東部尤其明顯（另參見第 6 章）。近 30 年臺灣大約每 10 年增加 0.99 天豪雨（日雨量大於 130 公釐）與 1.36 天大豪雨（日雨量大於 200 公釐），隨著豪大雨日數增加，可能帶來許多威脅，例如淹水、坍方、落石和土石流災害等。隨著氣候變遷導致全球升溫，雨季變化無常，極端豪雨在世界各地頻傳。2022 年南非德班 (Durban)、巴西東北部、孟加拉、印度東北、澳洲雪梨；2023 年美國佛蒙特州、紐約市中心曼哈頓、韓國首爾、土耳其北部等地都面臨極端降雨的威脅，陸續發生洪災、土石流災害、糧食產區淹水等嚴重衝擊。即充分印證 IPCC 多年來的結論，天然災害日益巨大，造成之傷亡也更為慘重。

三、水資源

　　全球暖化將改變水旱災的頻率與程度，在最高的碳排放的情境下，乾燥地區因降雨與土壤水分減少之故，乾旱的發生頻率有超過六成五的機會將會增加（中度信心），並可能造成地表水與地下水位下降，有研究預測，未來南亞、東南亞、東北亞、熱帶非洲與南美洲的水災將會更頻繁，造成的社會經濟損失正在攀升。普遍而言，中緯度地區與亞熱帶的乾燥地區將面臨水資源減少的危機。另一個水資源利用的危機則是由於溫度上升、大雨沖刷造成水中沉積物與養分增加、乾旱時水中汙染物濃度提高等影響，混濁的生水可能超出傳統淨水措施的處理能力，進而影響使用者的健康。從地表水來說，所有的預測皆顯示全球冰川持續大規模消融。短期內許多以冰川為水源的河川水量會增加，但隨著冰川縮退，河川水量在接下來幾十年將會減少，而每年的地表逕流高峰將從夏季提前至春季（少數雨季與冰融季重疊的地方除外）。雨季與極端降雨事件後地下水的大腸桿菌量會上升，對於飲用地下水的城市和缺乏先進淨水設備的貧窮地區來說，值得憂慮。

四、糧食問題

　　農業發展是依賴天氣的脆弱經濟，發展韌性農業 (Resilient agricultural) 操作對開發中國家的永續糧食供應與安全至關重要。IPCC AR6 報告證實人類活動導致極端氣候，全球將於 2040 年前升溫超過 1.5℃，極端氣候造成的災害將衝擊生態系統與農業生產，對於糧食供應安全產生威脅，而此種安全威脅對於貧窮國家來說又特別嚴峻。因為這些國家，農作生產完全仰賴傳統技術，憑藉先人經驗來決定耕作時令與作物類型，但氣候變遷混亂了降雨週期，且讓溫度變化難以預測。以東非地區的低度發展國家來說，近幾年一年兩次的週期性雨季越來越不規律，甚至有時根本沒有降雨，靠天吃飯的傳統農業生產者經常血本無歸。豪暴雨突襲的頻率增加，不僅造成水災，也同時破壞了農作。上述東非國家的情況在臺灣也存在，我國多為小農型態、耕地不大、農作物樣多量少，加以天災發生頻率高，常導致嚴重的農業災損，近年來全球氣候變遷日趨嚴重，極端氣候事件頻繁，農林漁牧業面臨的災害型態多變，統計近 20 年間，農業損失平均每年約 112 億元。

五、生態衝擊

暖化影響了陸地及海洋的生態變遷，可能造成生態系原有棲地、生物多樣性流失，濕地、河川和湖泊生物原本便比海洋與陸域生物更容易受到人類活動的干擾。氣候變遷導致的水量與水質改變，甚至是人類調適洪水衝擊所建造的堤防，都可能對淡水生態系統造成壓力。海洋溫度持續上升，將造成赤道湧升流、海岸洋流與副熱帶環流改變造海岸洪災、棲地喪失、海床森林喪失與珊瑚礁白化，造成海洋生物多樣性降低，影響海洋生產力、魚群數量和沿海漁業社群的生計，部分熱帶地區的漁業資源將減少達 60%，尤其是非洲地區。IPCC AR6 報告指出，氣候變遷對生態系和生物多樣性造成嚴重衝擊，對陸地、淡水、冰凍圈、沿海和海洋生態系造成重大破壞，並且指出脆弱的熱帶珊瑚礁生態系將是地球上第一個消失的生態系統。

海洋具有吸碳、固碳的能力，也是製造氧氣的關鍵，健康的海洋是調適氣候變遷的重要推手。全球暖化引發的極端氣候，也影響野生動物的棲息地與生存。近年來極地異常升溫和海冰消融現象越來越頻繁，南極的暖化速度尤其劇烈，2022 年 3 月 18 日南極出現 -11.8°C 的異常高溫（比同期高出 40°C），約 1,200 平方公里的南極冰棚持續消融一半以上，南極海冰面積創下新低，對阿德利企鵝的聚落分布產生嚴重威脅。

六、公共衛生問題

全球氣候變遷除了使夏季更熱和冬季暖化之外，溫度上升，將升高傳染性疾病流行的風險，亦將增加心血管及呼吸道疾病死亡率，加重公共衛生與醫療體系負擔。1988 年 7 月，中國的南京地區日最高溫超過 36°C 的天數長達 17 天，中暑病人及死亡率有驚人的增加。根據英國研究，熱浪來襲所造成的額外死亡率是因為心血管、腦血管及呼吸性的病因所造成的，與熱壓力相關的慢性健康損害，也可能表現在生理功能、代謝過程和免疫系統的傷害上。

全球約有一半人口（33 億人）居住在可能感染瘧疾的高風險地區，低收入國家的感染比例更高。2009 年，全球約有 2 億 2,500 萬人（其中約有 80% 來自非洲）感染瘧疾，這當中大約有 781,000 人（年齡 5 歲以下的孩童占絕大多數）致死；相較之下，2000 年約有 2 億 3,300 萬瘧疾病例，而其中有 985,000 例致死。2019 年底新冠肺炎 (COVID-19) 引發全球人口呼吸道感染肆虐，截至今年（2023 年）10 月全球

染疫人數約有 6.95 億，對全球人類生活模式與經濟發展產生莫大的衝擊，雖無明顯證據顯示極端氣候或暖化現象與新冠疫情的發生有直接關聯，但考量到地球生態系統的複雜性，所有對地球大環境的改變肯定會帶來後果。

　　自 IPCC AR5 以來更多證據顯示氣候變遷對人類健康造成直接或間接的負面影響，如氣候敏感性疾病、營養不良以及對精神健康的威脅正在增加。氣候變遷，將是威脅這數十億人，甚至過去免於傳染病威脅的人口的重大風險。儘管過去二十年來科學家始終爭論著氣候變遷是否影響瘧疾的傳播，有學者指出，在哥倫比亞西力、衣索匹亞的高原地區的研究顯示，已經證實了瘧疾的分布向下以及向上（海拔）移動，而這樣的移動取決於溫度的改變（圖 4-7）。由於瘧疾寄生蟲開始產生抗藥性，有越來越多的有效藥物已逐漸失去藥效，全球氣候變遷所導致的均溫上升，可能使疫情再度爆發與加速擴散，結果可能使全球多出 4,000~6,000 萬人暴露於瘧疾感染的風險。在現今升溫情境下，我國亦面臨公共衛生風險，與本世紀中埃及斑蚊分布可能跨過臺南嘉義交界向北延伸，花東地區亦有向北延伸趨勢，導致登革熱向北持續擴大發生風險增加。氣候變遷改變物種分布，將提高人類暴露度與脆弱度的交互作用，對全球健康安全產生重大威脅。

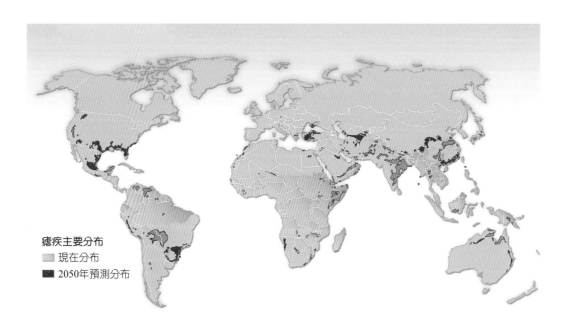

瘧疾主要分布
現在分布
2050年預測分布

圖 4-7　全球目前的瘧疾的分布範圍及未來擴大的預測

除傳染病的病例增加外，其他因氣候變遷連帶產生的健康影響尚包括：

1. 水資源的影響：因旱或澇導致缺水或水質惡化，並衍生環境衛生問題。

2. 空氣品質惡化：光化汙染物、花粉、懸浮微粒等空氣汙染物問題亦將增多。

3. 紫外線增多：因臭氧層破壞所導致的健康危害（見下節）。

4. 農產減少：部分地區將因糧食不足導致民眾營養不良，飢餓狀況更加惡化。

5. 極端氣候：熱浪與寒流受害人數將增加，並使社會醫療成本的更加消耗。

6. 社會衝擊：更多的環境或氣候難民將使許多地區政府或機構的處理更加困難。

　　若人類無法控制溫室氣體（尤其是二氧化碳）的排放而減緩地球暖化的速度，綜合近年來的研究與預測，則對許多層面造成急劇的影響（圖 4-8）。

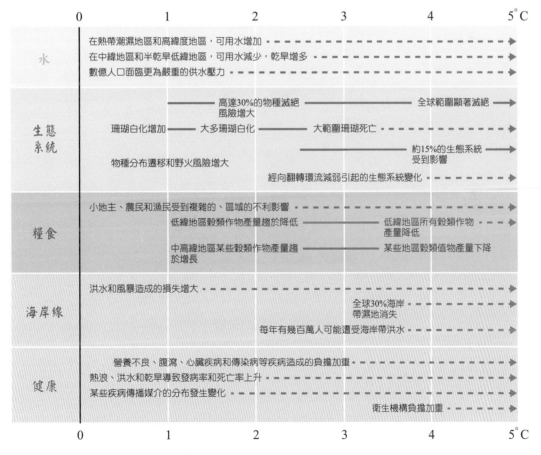

圖 4-8　在不同增溫狀況下，全球暖化所產生的效應與衝擊
資料來源：IPCC 第四次評估報告 http://rportal.lib.ntnu.edu.tw:8080/server/api/core/
bitstreams/05fa4874-bc14-4ab6-b826-d75cb03960af/content

4-2　臭氧層破壞

　　臭氧 (O_3) 是一種具有刺激性的氣味、略帶淡藍色的氣體。在大氣層中，氧氣 (O_2) 分子因高能量的輻射而分解為氧原子 (O)，而氧原子與另一氧分子結合，即生成臭氧。大氣中約有 90% 的臭氧存在於離地面 15~50 公里之間的區域，也就是平流層 (stratosphere)，在平流層較低層，即離地面 20~30 公里處，為臭氧濃度最高之區域（圖 4-9），稱為臭氧層 (ozone layer)。

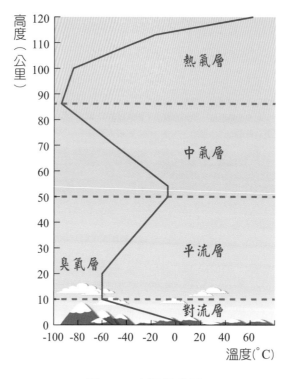

圖 4-9　大氣的分層

　　臭氧會與氧原子、氯或其他游離性物質反應而分解消失，這種反覆不斷的生成和消失，乃能使臭氧含量維持在一定的均衡狀態，而臭氧層能吸收太陽光中大部分的紫外線，以保護地球生物不受紫外線侵害。早在 1974 年，美國加州大學兩位教授法蘭克‧羅蘭德 (Frank S. Rowland) 及馬利歐‧莫里納 (Mario J. Molina) 在科學期刊 Nature 發表文章，明白指出人造的氟氯碳化物 (chlorofluorocarbons, CFCs)，由於其

化學性質相當穩定，生命期長達數十年至百年之久，因此會在大氣中不斷累積，最後其分子上升至臭氧層以上的平流層（距地表約 40 公里以上），將會被高能的紫外線分解而釋出氯原子，當這些氯原子降至臭氧層高度（距地表約 20~30 公里）時，將引發催化反應破壞臭氧分子，致使臭氧層的厚度變為稀薄（圖 4-10）。

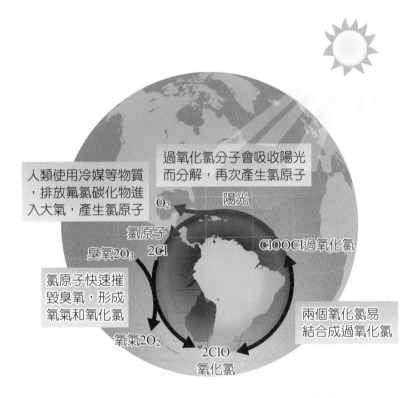

圖 4-10　CFC 造成南極臭氧層破洞的過程

🍀 4-2-1　成因與現況

一、成因

　　大氣層的臭氧大部分是在陽光最強的赤道上空形成，隨著全球氣流循環，流向南北兩極，臭氧在自然的大氣化學反應裡生成及摧毀，維持在一個動態且穩定的平衡。在冬季半年裡，南極上空有一個深厚的氣旋 (cyclone)，氣流沿著南極高原作順時針旋轉，把南極大陸封閉起來。從赤道來的富含臭氧的氣流無法進入南極上空。而在氣旋中上升的空氣，因為上升過程中，氣溫下降的速度要比實際大氣中溫度隨高度分布的速度快得多。加上南極高原本來就海拔高、氣溫低，因而形成極低的低

溫環境。臭氧層所在的 20 公里高度上氣溫常常在 −80°C 以下（比北極要低得多）。南極大氣氣旋中的空氣上升過程，還會生成大量的冰晶雲，雲中的冰晶不斷吸收氟氯碳化物，濃度越來越高。一旦南極春季（9 月）來臨，極夜結束，陽光照射下冰晶雲升溫，氟氯碳化物迅速釋放。而氟氯碳化物在紫外線照射下開始釋放氯原子，使得臭氧層受到破壞的過程立即開始，臭氧層因大量損耗臭氧而出現臭氧洞。一旦春末南極氣旋殘缺或破壞消失，大量富含臭氧的赤道南下的新鮮空氣進入南極上空，臭氧洞便匆匆消失。

　　平流層臭氧量減少的罪魁禍首很多，其中最主要的元凶就是「氟氯碳化物」(CFCs)。約在 1930 年代起，人類為了製作冷氣機及冰箱等電器所使用的冷媒，以及製作噴霧罐所需的推進劑，發明了氟氯碳化物。美國杜邦公司於 1920 年代末期所研發的 CFCs，其商品名稱為 Freon。CFCs 由於化學性質安定、毒性低微，且具有選擇性溶解力、不自燃、不助燃等優異特性，而被廣泛使用做為塑膠發泡劑、噴霧產品推進劑、冷凍空調冷媒、電子零件及金屬之清洗溶劑等用途，與現代人的生活息息相關。除了氟氯碳化物外，會破壞臭氧層的人造化學物質還包括氫氟氯烴 (HCFCs)、海龍 (Halon)、四氯化碳 (CCl_4)、1,1,1 −三氯乙烷、氫氟溴烴 (HBFC) 和溴化甲烷 (methyl bromide, CH_3Br)。環保署已將其列入毒性化學物質加以管制；溴化甲烷的毒性也很強，主要使用於農業及檢疫用途。以下分述如下：

1. 冷媒：冰箱、汽車空調、冷凍冷藏櫃、大樓空調離心式冰水機、冷凍機、除濕機、製冰機等冷媒，如：CFC-11、CFC-12、HCFC-22、HCFC-123。

2. 發泡劑：軟／硬質 PU 發泡、聚苯乙烯 (PS) 發泡及 PE 發泡等發泡劑（冰箱及冷凍冷藏櫃隔熱絕緣層泡綿、家具及汽機車座墊泡綿、免洗餐具室內裝潢發泡材等），如：CFC-11、HCFC-141b、HCFC-22、HCFC-142b。

3. 清洗劑：電腦及周邊設備、半導體材料等電子零件及光學零件等之清洗劑，如：CFC-113、HCFC-141b。

4. 噴霧劑：化妝品、醫藥品、清潔用品等產品之噴霧推進劑，如：CFC-11、CFC-12。

5. 滅火藥劑：常設置於電腦機房、博物館、航空器等場所的消防滅火設備中，如：海龍 1211、海龍 1301。

二、現況

從 1970 年代開始，全球各緯度平流層的臭氧含量降低約 1.2~1.0% 不等，尤其是南半球每逢春季，科學家便會在南極上空觀測到臭氧總量減少到 200 個多布森單位 (Dobson units, DU)[3] 以下，臭氧量有嚴重減少的現象，宛如破了一個大洞，稱為臭氧洞 (ozone hole)。

1985 年，英國南極觀測站的科學家 Farman 等人，首先提出南極哈雷灣 (Halley Bay) 上空的總臭氧量，自 1979 年來每年的南極春季（10 月）便不斷下降，至 1985 年以減少 40% 以上，1 年當中以南半球的春天，也就是 9~11 月時破洞最為嚴重，部分地區的臭氧濃度甚至減少 70%（圖 4-11）。

直到 1995 年南極上空臭氧洞面積已經擴大為歐洲大陸的兩倍，引起全世界密切的關注。而 1997 年 4 月的報告也指出，就連北極地區的臭氧也比前一年急遽下降了 15~25%。

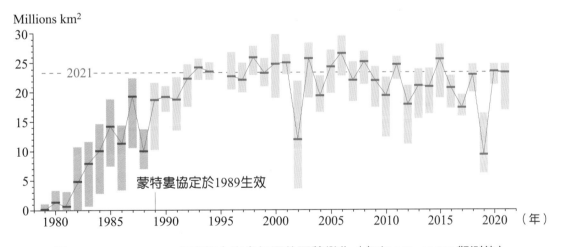

圖 4-11　1979~2021 年南極上空臭氧洞的面積變化（每年 9/7~10/13 觀測值）
資料來源：NOAA

在 2010~2011 年的北極冬季到春季期間，美國太空總署 (NASA) 進行衛星測量；發現北極上空 15~23 公里臭氧嚴重流失，最嚴重的出現在 18~20 公里高處，有 80% 的臭氧流失。這份在「自然」期刊發表的報告說，「這是首次出現臭氧流失程度足以被合理地稱為是北極臭氧破洞」。由於冬季持續低溫的情況，導致北極上空的平流層出現有觀測記錄以來最嚴重的臭氧洞，其範圍大小與平流層臭氧變稀薄的程度

也已經漸漸追上南極的臭氧洞（圖 4-12）。其也顯示北半球和南半球的臭氧濃度暫時穩定但劇烈波動。歐洲中期天氣預報中心哥白尼大氣監測局指出，北極圈上方的臭氧層於 2020 年 4 月罕見出現近一個月的破洞，且發現它的大小已經達到破紀錄的尺寸，此與北極上方大氣溫度異常降低有關，然北極的暖化現象減緩臭氧破洞速度，當極地空氣和低緯度充滿臭氧的空氣結合，臭氧洞現象就會逐漸消失。

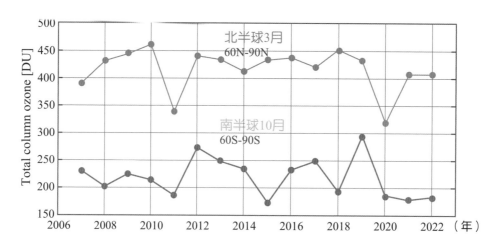

圖 4-12　2007~2022 年間南北極臭氧層變化的時間序列。圖表和數據由 AC SAF 提供。

4-2-2　衝擊與影響

當大氣層上空的臭氧層變薄時，地球的陸地和海面接受的太陽紫外線照射強度會明顯增加，對生命有許多的直接危害。主要的影響分述如下：

一、人類皮膚癌、白內障等疾病罹患率增加

DNA 對紫外線（ultraviolet, UV，波長 10~400nm）極為敏感。UV-C[4] 完全被大氣吸收，因此不會危害地表附近的生物，但是穿透大氣到達地面的少數 UV-B[4] 則對生物有害。對人類而言，UV-B 輻射量增加容易導致皮膚癌（尤其是淺膚色的人種）、白內障，以及破壞免疫系統。皮膚癌的罹患率與人種和緯度有關，例如同為 10 萬人口的地區，美國德州就有 100 人以上罹患皮膚癌，瑞典為 5~20 人，而日本只有 5 人以下。換言之，一般以白種人的罹患率最高，居住地區越近赤道罹患率越高。根據世界氣象組織研究報告，臭氧層每減少 1%，照射於皮膚的紫外線即增加 2%，而

罹患皮膚癌的機率就增加 4%，世界衛生組織警告，每年有多達六萬人因陽光曝曬過度致死。大多數的死亡原因是過度照射陽光中有害的紫外線所導致的皮膚癌。如果氯氟碳化物生產和消費不加限制，到 2075 年，地球臭氧總量將比 1985 年再耗減 25%。全世界人口中將有皮膚癌患者 1.5 億人，死於皮膚癌者 320 萬人；眼睛患白內障者 1800 萬人。紫外線造成的人體免疫機能的抑制，還會使許多疾病的發病率和病情的嚴重程度大大增加。

二、野生動物受影響

野生動物長時間曝露於過多的 UV，其視覺及健康狀況皆可能受害。在南美洲的南端已經發現許多全盲或接近全盲的動物，例如，兔子、羊、牧羊犬等；在河裡能捕到盲魚；野生鳥類會自己飛到居民院內或房屋內，成為主人飯桌上的美味佳餚。

三、植物生長遲滯、農作物減產

強烈的紫外線會破壞葉綠素、妨礙植物成長，甚至造成遺傳性傷害。據估計臭氧若減少 1%，UV-B 大約就會增加 2%；而在出現臭氧洞的南極地區，學者觀察紫外線照射的影響，結果發現約有三分之二的種類，會有生長遲緩的反應。

強烈的紫外線會使農作物和植物受到損害。針對 300 種農作物和其他植物的溫室實驗證實，其中 65% 的作物對紫外線敏感，尤以豆類、甜瓜、芥菜、白菜、土豆、番茄、甜菜和大豆最為敏感，其產量和品質都下降。據估算，如果臭氧減少 25%，大豆產量就要降低 20%。此外，樹木（特別是針葉樹）也會受到紫外線的傷害。

四、破壞自然生態平衡

爬蟲類的卵因受 UV-B 照射，孵出的健康幼蟲減少，可能因此滅種，更可能因此影響到食物鏈，以及區域的生態平衡。紫外線能穿透 10~20 米深的海水，過量紫外線會使浮游生物、魚苗、蝦、蟹幼體和貝類大量死亡，甚至會造成某些生物滅絕。由於這些生物是海洋食物鏈中重要組成部分，所以最終可使海洋生態系統發生破壞，進而影響全球生態平衡，而微生物生存或繁殖受抑制，許多的自然分解作用亦受影響。

五、通過光化學煙霧惡化近地面大氣環境

當高層大氣中臭氧層減薄使到達地面的紫外線增強，增強的紫外線使城市中汽車排氣的氮氧化物分解，在較高氣溫下產生以臭氧為主要成分的光化學煙霧（見第5章）。例如，1943年美國洛杉機光化學煙霧事件曾使幾千人住院，其中400多人不治死亡。美國環保局估計，如高空臭氧層耗減25%，城市光化學煙霧頻率將增加30%。近地面臭氧還抑制植物光合作用，使葉片褪色，出現病斑甚至壞死、落葉、落花、落果等。1943年美國洛杉機光化學煙霧後一夜間城郊蔬菜葉子就由綠變黑，不能食用。

六、促進溫室效應與全球暖化

海洋中的植物性浮游生物大量被紫外線殺死後，大氣中大量的二氧化碳就不能被海洋吸收，且氟氧碳化物本身亦為溫室氣體，將進而導致地球變暖。

七、縮短物品壽命

過量紫外線還能加速建築物、繪畫、雕塑、橡膠製品、塑膠的老化過程，降低品質，縮短壽命。尤其是在陽光強烈、高溫、乾燥氣候下更為嚴重。

八、全球因應

有關全球對CFCs問題的管制起於1987年9月16日於加拿大蒙特婁市舉行國際會議，由全世界26個國家（至今已近200個國家簽署）共同簽署的「蒙特婁議定書 (Montreal Protocol)」。該議定書於1989年1月起正式生效，並針對部分臭氧層破壞物質的生產與消費量訂立削減時程，臭氧層破壞才獲得控制。在評估CFCs的替代品的適用性時，應優先考慮其臭氧層破壞潛勢 (ozone depletion potential, ODP)。ODP係指一化學物質相對於CFC-11影響臭氧的比例，通常將CFC-11的ODP值訂為1.0做為基準。海龍的ODP值約從3~10不等，ODP值越高，臭氧破壞力就越大（表4-2）。而CFCs目前常見的替代品HCFCs，如：HCFC-22的ODP值為0.055，雖然已經很低，但仍對臭氧具有破壞力，因此僅屬於過渡性產品，仍將陸續管制，甚至禁用。CFCs自1970年開始被大量生產及使用，在工業上應用範圍廣泛，至1986年時全球CFCs消費量已達113萬公噸，其中約有70%的量，會排放至大氣中。由

於一個氯原子在失去活性以前，足以破壞一萬個臭氧分子，因此對臭氧層造成莫大的威脅。

蒙特婁議定書被公認為歷史上最成功的國際環境協議，世界氣象組織 (WMO) 報告指出，2020 年傳入平流層可破壞臭氧層的氯和溴總量，分別較 1993 年下降 11% 與 15%，顯示破壞臭氧層物質正逐年減少，而平流層的氯濃度也正在下降（圖 4-13）。除幾項重要用途外，已開發國家在 1996 年就已完全淘汰 CFCs 的消費。到 2005 年，已開發國家已完全淘汰所有種類的消耗臭氧層物質的消費，除了作為重要用途的氫氟氯烴（HCFCs，是 CFCs 的過渡性替代品，其臭氧消耗潛能值遠遠低於 CFCs）和甲基溴例外。雖然蒙特婁議定書對發展中國家淘汰 CFCs 和海龍給予了一定的緩衝期，但其實到 2005 年，發展中國家也已經遠遠走在淘汰時間表前面。也由於《蒙特婁議定書》和隨後的修正案禁止釋放氟氯碳等破壞臭氧層之化學物質，臭氧洞正在逐漸恢復，較 2000 年代初期的臭氧洞面積減少大約 400 萬平方公里。

表 4-2 蒙特婁議定書列管化學物質的臭氧破壞係數

類別	管制物質	化學式	ODP 值
第一類	CFC-11	$CFCl_3$	1.0
	CFC-12	CF_2Cl_2	1.0
	CFC-113	$C_2F_3Cl_3$	0.8
	CFC-114	$C_2F_4Cl_2$	1.0
	CFC-115	C_2F_5Cl	0.6
第二類	Halon-1211	CF_2BrCl	3.0
	Halon-1301	CF_3Br	10.0
	Halon-2402	$C_2F_4Br_2$	6.0

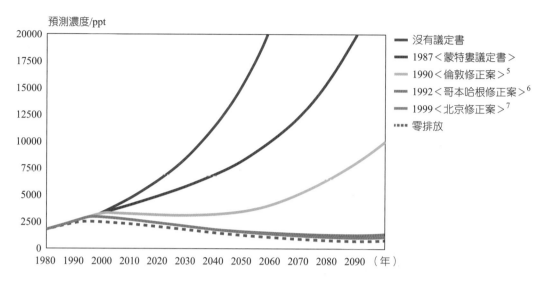

預測濃度/ppt

圖 4-13　1980~2100 年國際協議對平流層中存在的消耗臭氧層物質的預測濃度所產生的影響

4-3　酸雨

　　酸雨 (acid rain) 之正確名稱應為「酸性沉降」，可分為「濕沉降」與「乾沉降」兩大類。前者是指所有氣狀汙染物或粒狀汙染物，隨著雨、雪、霧或雹等降水型態而落到地面者；後者則是指在不下雨的日子，從空中降下來的落塵所帶的酸性物質。在化學上定義水之 pH（酸鹼）值等於 7 為中性，小於 7 則是酸性。自然大氣中含有大量二氧化碳，二氧化碳在常溫時溶解於雨水中並達到氣液相平衡後，雨水之 pH 值通常為 5.6，因此大自然的雨水是酸的；但是，在大自然中，仍存在其他致酸的物質，例如，火山爆發所噴出的硫化氫，海洋所釋放出的二甲基硫，高空閃電所導致之氮氧化物等，均會使雨水進一步酸化，而酸鹼值會降至 5.0 左右。因此，在 1980 年代後期以來，許多國內外（包含環保署研究報告）研究者，已將所謂「酸雨」認定為當雨水酸鹼值在 5.0 以下時，即確定受到人為酸性汙染物的影響。因此，臺灣環保署，已統一雨水酸鹼值達 5.0 以下時，正式定義為「酸雨」。例如，若以環保署臺北酸雨監測站 1990~1998 年之有效雨水化學分析資料為準，顯示約九成降水天數的雨水 pH 值在 5.6 以下，而酸雨發生機率則為七成五左右。

🍀 4-3-1　成因與現況

一、成因

　　酸雨化學組成中，較重要的酸性物種包括 H^+、Cl^-、NO_3^-、SO_4^{2-}、NH_4^+、K^+、Na^+、Ca^{2+} 及 Mg^{2+} 等九種。酸性沉降之形成途徑如圖 4-14 所示，一般而言 NO_3^- 及 SO_4^{2-} 為主要的致酸物質，分別由硫氧化物 (SO_x) 與氮氧化物 (NO_x) 轉化而來。在人為汙染排放方面，前者則與化石燃料使用、火力電廠、含硫有機物（如煤）燃燒有關；後者主要源自工廠高溫燃燒過程，交通工具排放等因素（見第 5 章）。

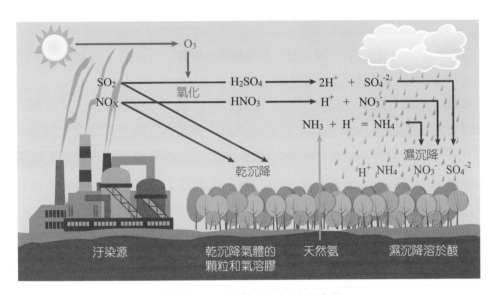

圖 4-14　酸性沉降之形成途徑

二、現況

　　全球已形成三大酸雨區，包括：中國覆蓋四川、貴州、廣東、廣西、湖南、湖北、江西、浙江、江蘇和青島等省市部分地區，面積達 200 多萬平方公里，另外，以德、法、英等國為中心，波及大半個歐洲的北歐酸雨區和包括美國和加拿大在內的北美酸雨區，後兩個酸雨區總面積大約 1,000 多萬平方公里（圖 4-15）。降雨的 pH 值小於 5，有的甚至小於 4。

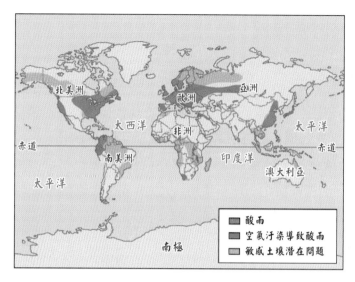

圖 4-15　全球酸雨分布圖

　　臺灣屬於工業化國家，在狹窄的小島內工廠林立、汽機車擁擠，使臺灣同樣遭受酸雨的侵襲。我國自 1989 年起，即著手進行「臺灣地區酸性沉降現況調查」。從 1990 年代所量測的雨水 pH 值分布圖（圖 4-16）可發現，臺北、高雄兩大都會區的雨水酸化情況相當嚴重，最低可達 4.46，顯示雨水酸化情況與都市發展間具有相當之一致性。至 2000 年，臺灣北部雨水酸化情況依然明顯，但高雄地區相較於 1990 年代雨水已明顯改善至 5.0 以上，由於高雄雨水酸化特性主要是受到其當地重工業排放所汙染，推測可能因 1995 年 7 月開始進行空汙費徵收及硫排放之管制所影響，可顯示出硫化物空汙管制策略實施的效益。由 2004~2010 年代所量測的雨水 pH 值分布圖顯示，除臺北、桃園一帶雨水 pH 值明顯低於 5.0 以下外，其餘各地雨水皆在 5.0 左右，顯示臺灣北部雨水酸化情況依然嚴重。至 2011~2012 年時，以 pH 值來看，僅北部地區接近於 5.0 外，中南部地區酸雨 pH 值更接近 6.0。

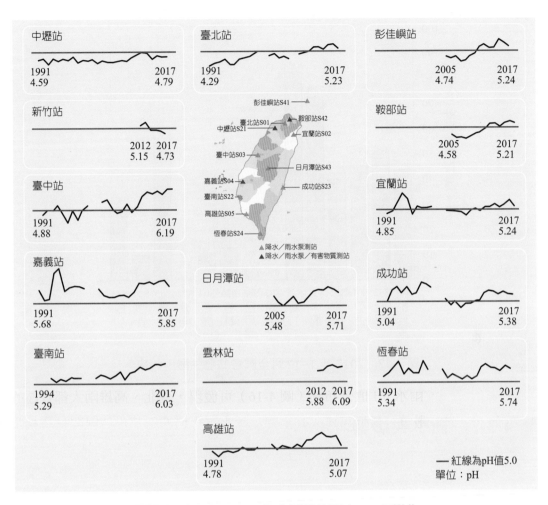

圖 4-16　1991~2017 年全國測站雨水 pH 年變化

　　2013 年 1~8 月北部地區發生酸雨的頻率明顯高於中南部及東部，全國各站發生酸雨頻率之平均值為 26%，1~8 月的降雨之中以彭佳嶼及中壢站酸雨發生頻率最高，超過 65%，其次為臺北及鞍部站，分別為 43% 與 38%。圖 4-17 為臺灣各監測站於 2017 年的酸雨發生頻率，然 2022 年全國 14 個測站的雨水 pH 平均值均大於 5.7，未達酸雨標準，顯示雨水酸化情況有明顯改善，此皆歸功於環保署自 1995 年開始徵收空汙費、接續建立許可管理制度、連續自動監測設施管理制度、改善燃煤品質及降低油品含硫量，使雨水中硫酸根離子濃度於過去 30 年間大幅減少。

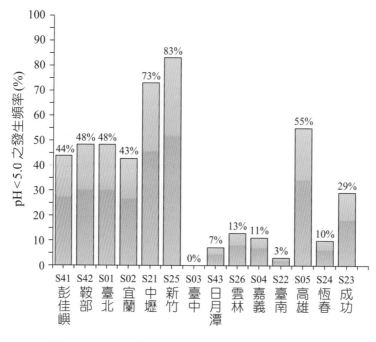

圖 4-17　2017 年 1~12 月全國各站發生酸雨頻率

🌸 4-3-2　衝擊與影響

一、人類

　　酸雨易使人產生皮膚過敏、眼睛刺激等症狀，而其間接影響包括造成土壤部分有毒金屬溶解，並被水果、蔬菜和動物組織吸收。若人類食用此類含有毒金屬的生物組織，將對人體健康產生重大影響。

二、植物與土壤酸化

　　酸雨會造成土壤中的養分流失，植物亦因部分養分缺乏而影響其生長。漂浮於空氣中的硫氧化物亦可能沉降於葉片時，阻礙葉子的氣孔進行光合作用。研究顯示當紅雲杉的幼苗被酸鹼值 2.5~4.5 的硫酸和硝酸的組合噴灑後，幼苗會產生棕色損傷，針葉會減少，且在酸性高度集中區域的針葉，生長速度較緩慢，因針葉凋零的速率大於再生的速率，光合作用也大受影響。劇烈的霜也可能使這個情況進一步惡化，隨著二氧化硫、空氣中現存的氨和臭氧的增加，會減少樹的耐霜性。從硫化銨產生的氧化氨和二氧化硫，這些產物會在樹的表面上形成。當銨硫酸鹽到達這些土壤時，它會起反應

形成含硫和含氮的酸性物質，這樣的條件會刺激真菌和有害動物例如甲蟲的成長。林業在加拿大是一個一年價值 1,000 萬元的工業，大約有 10% 的加拿大人仰賴樹木的收穫和加工處理維生。若森林處於危險時，將大大衝擊這項產業。

三、建築物和雕像

當酸性粒子沉積在建築物和雕像上，易產生侵蝕。古代建築、現代橋梁、飛機都深受酸雨的毒害，每年需花費許多錢來修補酸雨造成的損害。例如，1967 年俄亥俄河上的橋倒塌，造成 46 人死亡。主因即是酸雨的腐蝕。酸雨也造成暴露在外的雕像受到侵蝕，造成文化資產的破壞。酸雨也會損毀材料，一些年代久遠的典籍、藝術品、古蹟文物也會因此而損毀。

四、水生生物

酸雨會影響水體中的 pH 值，當 pH 值小於 6 時將影響到水中生物的生存或繁殖，當 pH 值小於 5 將導致水中生物大量死亡，可能會影響到養殖漁業。又如，加拿大和美國部分的印地安人和愛斯基摩人所食用的魚類和海豹肉的汞含量很高，乃因汞由於酸沉降而由沉積土釋出而累積在水生生物體內，相對提高人類食用含汞水產的風險。

🍀 4-3-3　全球因應

1979 年聯合國歐洲經濟委員會通過了「長距離越境大氣污染條約」，歐洲和北美等 32 個國家都簽定此公約，並於 1983 生效，到 1993 年底締約國必須把二氧化硫排放量削減為 1980 年排放量的 70%。為了實現承諾，多數國家已制定了減少致酸物排放量的法規。

4-4　森林縮減

　　森林對二氧化碳固定、動物群落、調節氣候與水文、淨化水源和固持土壤有著重要貢獻，是地球生物圈中最重要的生境之一。工業化前，森林面積約占全球面積的 15.6%，全球陸地面積的 50%，全球森林資源分布如圖 4-18。由於長期的砍伐，目前全球陸地約僅有 31% 的森林覆蓋面積（40.6 億公頃），涵蓋大約 9.4% 的地球表面，而有近 16 億人口賴其維生。森林中也涵蓋地球陸地生物多樣性的 90%。全球森林主要集中在南美、俄羅斯、中非和東南亞。這 4 個地區占有全世界 60% 的森林，其中尤以俄羅斯、巴西、印尼和民主剛果為最多，4 國擁有全球 40% 的森林（圖 4-18）。然根據聯合國世界農糧組織 (FAO)《2020 年全球森林資源評估》中估計，1990-2020 年間約有 4.2 億公頃森林被砍伐，特別是在熱帶地區。2000~2012 年間，全球估計共損失 230 萬平方公里的森林，等同於每天失去 50 個足球場的面積或是每年失去一個哥斯大黎加國土的面積，而在 2015~2020 年，每年的毀林面積仍有 1,000 萬公頃，除了全球林產品需求日益增加，世界各地亦大規模將林地轉作不同開發用途，再加上其他不當管理更加速森林退化。科學家已經證實，快速的森林砍伐會顯著影響食物、藥物和水的供給，不利生物多樣性並加劇全球暖化及氣候變遷。

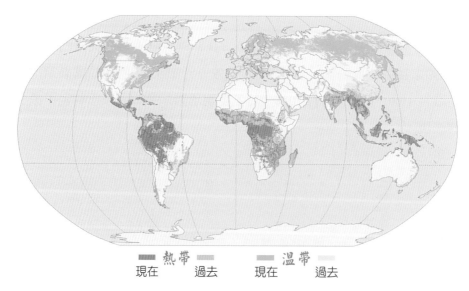

■■■ 熱帶 ■■■　　■■■ 溫帶 ■■■
現在　　過去　　　現在　　過去

圖 4-18　全球森林資源分布示意圖。溫帶與熱帶林的較淺色區為原始林之覆蓋範圍但現今已消失

❀ 4-4-1　成因與現況

一、成因

　　森林面積減少（毀林，deforestation）受諸多因素的影響，比如人口增加、當地環境因素、政府發展農業開發土地的政策等。人類活動早在西元前 7000 年左右，就開始改變地中海周圍的自然棲息地，如該地的人類在 6000 年前就已開始飼養羊，而不再只是吃食野生動物。西元前 500~400 年之間，人類伐木充當燃料及建材，森林面積開始縮小。由於人類多年來不斷的砍伐森林，擴大耕地面積，已無法探知地中海周圍原始森林的原貌及林相。類似現象亦發生在世界各地。在英國，由於過去 3、4 千年對棲地的破壞，90% 森林及大部分荒野因此消失。巴西原始森林的砍伐早在 17 世紀就已開始。過去 300 年間，人類更加快速的改變地表，使之適合人類的需求，耕地面積因此成長了 450%。森林面積縮減大多發生於 1950 年以後。除了耕作用途，較富裕國家的人口逐漸移居郊區，也導致林地面積縮小；發展中國家移居都市郊區的人口的成長更是快速。在 1995 年，郊區人口已占了全世界人口的 45.2%。在歐美地區，森林面積的快速縮小大多發生於 18 及 19 世紀。

　　開發森林以生產木材及其他林產品亦是導致森林面積減少的重要因素。據聯合國糧農組織 2002 年報告，全球 4 大木材生產國（俄羅斯、巴西、印尼和民主剛果）所生產的木材有相當比重來自非法木材。

　　亞馬遜雨林為地球上最大的熱帶雨林，其面積相當於美國的國土面積。世界上已知的一半物種都生活在亞馬遜流域。然而，此地區森林消失速度極快，約有 63% 的木材是非法取得。剛果盆地的大猿森林是世界第二大雨林，也是非洲物種最豐富的地區，有 1,000 種鳥類和 400 多種哺乳動物聚居。現今 85% 的大猿森林面積已經消失，工業砍伐的威脅從未停止，非法砍伐的比例在當地高達五成。

　　人工林取代天然林，也成為造成全球原始森林危機的重要原因。目前，在一些熱帶國家（如印尼、馬來西亞等），人工林發展過快及大規模種植已經引發了這些地區原始森林面積的急劇縮減。在印尼，包括金光集團 APP 在內的許多造紙公司和木材公司，以建造人工林的名義破壞了百萬公頃以上的天然林。在這些森林，有著二萬年歷史的泥沼森林，這些森林對於維護當地生物多樣性極為重要。

由於生物燃料的需求與發展，部分國家和跨國公司開始大規模種植棕櫚樹和其他生物燃料作物，比如痲瘋樹等，這些人工林的發展也對原始森林的保護構成了巨大威脅。在亞馬遜地區，大豆種植者唆使農民砍掉大面積的原始森林，造成亞馬遜雨林嚴重破壞。

二、現況

原始森林是地球上最重要的生態系統之一，俄羅斯、加拿大和巴西擁有世界上面積最大的原始森林，而在非洲國家、印尼和巴布亞新幾內亞的原始森林則擁有極為豐富的生物多樣性，具有很高的保護價值。但世界上只剩下兩成的原始森林仍保持原狀，因為非法砍伐和破壞性砍伐正在吞噬著原始森林（圖 4-18、4-19）。

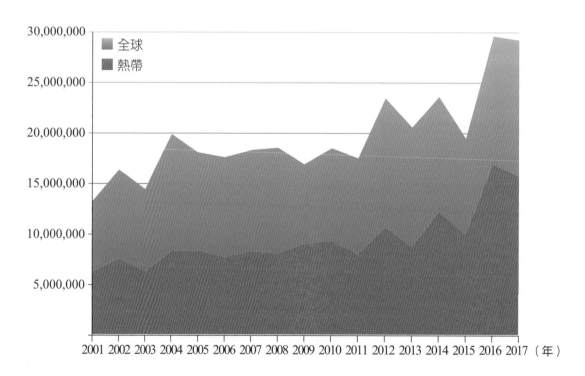

圖 4-19　全球森林損失面積 (2001~2017)

根據世界資源研究所 (WRI) 最新資料，2021 年全球熱帶地區森林覆蓋面積減少1,110 萬公頃，其中 40% 位於巴西，巴西國家太空研究所指出，2022 年 5 月份亞馬遜地區的起火點數量共計 5,885 個，計有 287 萬平方公里亞馬遜雨林被森林大火燒

毀，頻繁的森林大火，使巴西溫室氣體排放增加 10%，更成為世界第五大碳排放國，森林砍伐造成的碳排放量，更占巴西總碳排的 46%。巴西擁有全球約 1/3 的熱帶森林，在土地掠奪者、非法伐木者、採礦業者、畜牧業者以砍伐、焚燒，將森林轉為畜牧、種植動物飼料、採礦或非法砍伐等破壞性經濟模式，森林面積已從 1985 年的 5.816 億公頃減少到 2022 年的 4.941 億公頃，減少比例達 15%。根據聯合國糧農組織的《2020 年全球森林資源評估》報告指出，自 1990 年以來，世界森林面積減少 1.78 億公頃，目前全球森林面積為 40.6 億公頃，森林的總碳儲量正隨著面積減少而降低。

　　臺灣總森林面積為 219.7 萬公頃，覆蓋 60.7% 全臺土地面積，其中屬《森林法》定義之林地約為 178 萬公頃；林地以外之森林覆蓋面積約為 41.5 萬公頃。為了讓森林涵養大地，提供野生動植物生長的自然環境，我國從 1992 年開始禁伐天然林，目前由每年人造林的砍伐量不及 10 萬立方公尺，木材的自給率大約為 0.7%。林務局也在 2022 年 4 月提出增加森林面積、加強森林經營管理、提高國產材利用的策略及政策，目標在提升森林碳匯功能，兼顧森林生態系服務價值與產業經濟，預計在 2040 年達成增加新植造林面積 6.6 萬公頃。

✿ 4-4-2　衝擊與影響

　　1992 年巴西里約熱內盧國際環境開發會議就強調「永續的森林管理」觀念，現今世界各國的林業經營都以這觀念為依據。隨著世界森林資源的快速消失與環境的劣化，森林功能對人類的重要性遠超過往昔，其影響分述如下：

一、水循環

　　森林具有涵養水資源的重要功能，龐大的熱帶雨林，如亞馬遜河流域，所調節的水循環不只是區域性的，亞馬遜森林若消失，全球水循環勢必受到影響。臺灣由於颱風與地震災害頻仍，造成山區土石流與平地洪水為患，而山林大量非法濫墾，種植高山果樹、夏季蔬菜、高山茶與檳榔等林地超限使用，對水土資源的破壞更為深遠，導致災害的發生與生命財產的損失年年增加（見第 6 章）。

二、碳循環

全球森林儲藏著大約 4,330 億噸的碳，以當前全球碳排放的平均速度計算，這個數字大於未來 45 年人類燃燒化石燃料、生產水泥、交通工具等所製造碳排放量的總和！森林吸收二氧化碳行光合作用，釋放出氧氣，為調節碳循環的重要機制之一。隨著森林的消失，碳循環也必定受影響。焚燒森林以及森林砍伐之後的殘枝敗葉腐化分解，更是雪上加霜，將使更多的二氧化碳排放至大氣之中。

三、氣候調節

森林生態系為陸域生態系中重要的生態系。受氣溫上升、降水現象劇變、極端氣候和降雨頻率改變等各種氣候變化的直接影響，森林可使林內產生特殊的小氣候，且對鄰近地區的氣候也有影響。林區附近的地區，氣溫變化和緩，溫度較高，降水增多。由於森林能改變風向，減弱風速，阻滯沙土，起著防風、固沙、保土的作用，因此，大規模的植樹造林是改造小氣候的有效措施之一。

四、生物多樣性

全球森林的破壞導致棲息地和生態系統退化，造成的物種滅絕的速度非常驚人。據 2017 年聯合國報告，地球上已有超過 1/4 物種接近滅絕威脅，而國際自然保育聯盟 (International Union for Conservation of Nature, IUCN) 追蹤全球超過 10 萬 5,000 種生物，其中約 2 萬 8,000 種已瀕臨滅絕。這些物種大多棲息於地球上僅存的原始森林中，這些數據甚至沒有涵蓋在全球森林生態系統中，扮演重要角色的數以萬計的植物和昆蟲，生物多樣性的喪失對區域和全球的氣候變化產生重大影響（見第 2 章）。

五、原住民文化與人權

全世界逾十億人依賴森林資源過活，非法砍伐對全球森林所造成的破壞更是嚴重。世界銀行估算，非法採伐使木材生產國每年損失 100~150 億美元的收入，相當於全世界木材貿易總收入（約為每年 1,500 億美元）的十分之一。這些木材生產國損失的收入，對該國建立學校和醫院等必要公共服務設施來說非常重要。木材生產國的不善管理和腐敗，與木材消費國不禁止非法砍伐木材的進口，都一再縱容伐木公司和木材貿易商對原始森林肆無忌憚的掠奪。全球森林的破壞，不僅影響當地原

住民的生活、生計及文化傳承，還可能引發種族衝突問題。如在亞洲的緬甸和非洲的剛果，非法砍伐往往與軍事武裝或者種族武裝問題交雜，對社會安定和居民人身安全造成莫大的威脅。

4-4-3 全球因應

綠色和平 (Greenpeace) 希望能在 2020 年將森林砍伐減至「零」。在過去十年，綠色和平努力守護森林，也因公眾的支持達成以下成就：

1. 巴西畜牧業承諾保護亞馬遜森林，停止購買生產自砍伐森林的農地所種植的大豆。

2. 與 8 個環保組織及 21 個伐木公司達成協議，保護加拿大伯瑞爾森林 (Boreal Forest)。

3. 美泰兒 (Mattel)、孩之寶 (Hasbro)、樂高 (Lego)、迪士尼 (Disney) 等公司與非法砍伐森林的 APP 金光集團亞洲漿紙公司終止合作關係。

在國際的行動方案上，主要還是由聯合國針對溫室氣體排放管控所提出計畫 -「Reduction of Emissions from Deforestation and forest Degradation (REDD+)」，其中包括由已開發國家提供基金，透過適當機制協助開發中國家或低度開發地區從事森林保護及復育等工作，以期減少因砍伐及森林退化所導致之環境及區域經濟問題。REDD ＋建立參與國家之資金協助及建立監測核算機制，並兼顧原住民團體權益與在地文化保存。另歐盟則於 2003 年通過森林執法、治理和貿易行動計畫「Forest Law Enforcement, Governance and Trade (FLEGT)」，該規定歐盟及其成員國一系列措施，以解決非法採伐問題，並達到促進木材的合法生產和消費目標。

4-5 海洋環境惡化

海洋即「海」和「洋」的總稱。地球的 71% 的面積被海洋覆蓋。總面積大約為 3 億 5,525 萬 5 千平方公里。一般人們將這些占地球很大面積的鹹水水域稱為「洋」，大陸邊緣的水域被稱為「海」。由於海洋擁有豐富的各種資源，成為人類生存不可

或缺的重要資產。海洋可提供人類經濟生產、航運便利、休閒遊憩和研究教育等功能，據估計，65% 的世界人口，都是聚居在離海岸不到兩小時車程的海岸地區，更有多達 15 億人靠海維生。所以海洋環境不但是「地球生態系統不可分割的一部分」，同時也是「人類永續發展機會所在的珍貴資產」。海洋也能調節全球的氣候，創造人類賴以生存的自然環境，而其豐富的生物資源，是人類的重要食物來源，其礦物資源是社會物質生產的原料基地。海洋是連接各大陸的主要通道，世界各類物資的流通主要靠海洋運輸，而其景觀是極為重要的旅遊資源。因此，海洋與人類的發展密切相關。

🍀 4-5-1　成因與現況

一、原因

全球海洋幾乎已經沒有任何區塊能夠逃脫人類活動的影響。破壞海洋生態的人類活動，包括：海上鑽油、商船航行、捕魚作業、海水汙染以及垃圾等。總括而言，全球海洋環境惡化有六大主因，包括：

（一）全球暖化

二氧化碳與溫室氣體的排放除了影響大氣之外，同時也影響著海洋的生態系統。由於海洋在近 200 年內吸收了全世界 30~50% 的碳排放，因此對於碳匯[8]具有相當大的貢獻。然而，人類過度的汙染與二氧化碳排放，正造成海洋因過度負荷而產生生態危機。海水表溫的升高將導致海洋蒸發量增加，隨之造成地表雨量分布的改變，甚至改變了源自北大洋極區向南輸送的深海環流，使得未來歐亞洲的終年寒凍，進而造成海洋環境的劇變。全球逐漸地暖化已使得海洋上部 300 公尺的水溫，近 50 年來增加了 0.51℃。

（二）海水酸化

地球碳循環物質包括有機物和一些無機物，如：二氧化碳和碳酸鹽，當二氧化碳溶於海水時，會形成多種分子和離子形式的平衡，其中的分子包括溶解的二氧化碳、碳酸；離子包括碳酸氫根和碳酸根。二氧化碳在海水中的溶解增加了海水的氫離子濃度，降低海水 pH 值。

（三）含氧量減少

　　冰山溶化，使得大量淡水流入海洋，因其密度較鹹水低，故會浮在上層，妨礙氧氣交換，若底層海水氧氣不足，需要氧氣的細菌或動物死亡後，無法被分解的有機物就會開始堆積，進而產生對於多數海洋生物足以致命的硫化氫。除此之外，許多沿海地區由於接收來自陸地過多的營養鹽，導致局部優養化（eutrophication，見第 5 章），進而使有害藻類大量滋生，不僅改變水質或產生毒性，更甚者消耗過多之溶氧，造成「死亡區」(dead zone)。圖 4-20 為全球不同地區沿海的優養化與缺氧狀況（死亡區）。科學家估計，全世界至少有 530 個死亡區，總面積估計至少246,000 平方公里，且預計在未來還會上升。

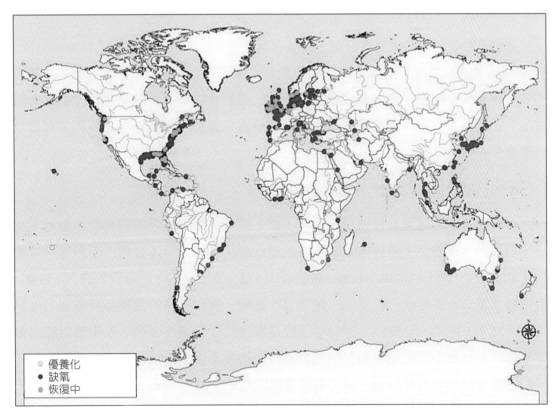

圖 4-20　全球優養化與缺氧之沿海地區
圖中紅點（死亡區）是由黃點區域因過量的營養鹽逐漸形成，綠點區域則是由死亡區慢慢變好。

（四）汙染

　　近年來，臺灣近海環境品質日漸惡化，主要原因為來自「陸源性汙染」，而船舶排汙、廢物傾棄和毒魚、炸魚等行為，使得海洋汙染更為惡化。此外，臺灣西海岸陸續規劃、填築工業區（如彰濱工業區、離島工業區等），對海洋環境之影響甚大。北自臺北淡水河口，南迄高屏溪口，海岸新生地的規劃施工計畫，已幾乎改變了臺灣的自然海岸面貌。許多大型工業區面積多達上千公頃，填海造地的影響令人憂慮。這些開發行為除增加大量耗水和汙染排放外，在生態環境的影響如重要的潟湖、河口、紅樹林等濕地與野生動物棲息場所，可能面臨毀損命運。除水汙染外，陸地上的不同垃圾、廢物、化學品皆可能被沖洗進入海洋環境毒害生物。

（五）過漁

　　過漁濫捕加速海洋生態的惡化。甚至有國外學者提出警告，再不重視海洋保育，50 年後，世界將會捕不到魚（詳見第 3 章）。有針對性地捕撈頂級食肉動物（如長嘴魚，鯊魚和金槍魚）最終會擾亂海洋生態，導致食物鏈底部的小型海洋動物數量增加。這反過來又對海洋生態系統的其他部分產生影響，例如藻類生長增加和珊瑚礁健康受到威脅。

（六）對海岸與棲地改變與破壞

　　臺灣的海岸地區擁有多種棲地環境，如：高度生物多樣性的紅樹林、濕地、河口、珊瑚礁等生態系。然而這類生態系正遭受嚴重破壞，原本臺灣西海岸的濕地環境，北從關渡、挖子尾往南至新豐、新竹香山、臺中大肚溪口，到嘉義鰲鼓、好美寮、臺南曾文溪口、高雄永安，是由一連串濕地區域，對於物種的遷移具有重要的生態地位。此外，濕地、紅樹林、河口等環境是海陸交界的過渡區域，在生態上擁有重要的功能，然而由於長期以來對濕地的錯誤使用，不僅改變或破壞濕地棲地，更進一步造成大型棲地的零碎化，使得海岸地區的生物多樣性衰竭。由於許多不當的人類活動，造成了珊瑚的加速白化、礁體結構的破壞，若持續白化將會造成珊瑚蟲死亡。一旦珊瑚大量的死亡，其高度生物多樣性也隨之消逝，珊瑚一旦死亡，極可能會被藻類快速附著，使得原本多樣繽紛的珊瑚礁生態系變成單調的藻類生態，致使整個珊瑚礁生態體系的崩離。

二、現況

　　於 2008 年 2 月召開的波士頓美國科學促進協會 (American Association for the Advancement of Science in Boston) 年會上，來自美、英國、加拿大等世界各國的學者專家們花費了四年的時間，繪製了全球海洋生態地圖（圖 4-21），嘗試將人類對於海洋生態的破壞程度予以數據化與圖像化，研究成果同時發表於當月份出版的《科學》雜誌中。研究中列出了 17 項破壞海洋生態的人類活動，包括海上鑽油工程、航運、漁撈作業和海水汙染等等，並把全球海洋以每平方公里劃分為不同區塊，繪製出人類危害海洋的綜合圖。

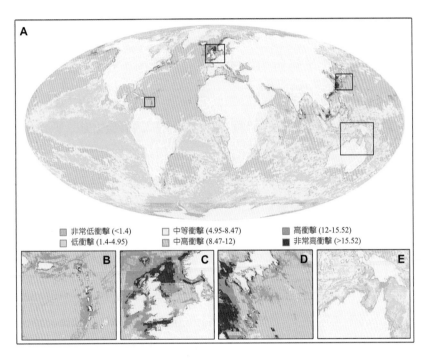

圖 4-21　全球海洋生態受衝擊與影響地圖（A：全球、B：東加勒比海、C：北海、D：日本周邊海域、E：澳洲北部海域托列斯海峽）

　　該研究指出，全球海洋超過 40% 的區域遭到兩項以上的破壞，僅剩 4% 的海域仍然維持純淨，然而這些地方卻多狹小而分散。中國沿海、北海、加勒比亞海、北美東岸、地中海、紅海、波斯灣、白令海到部分西太平洋的海洋生態受到危害的程度最為劇烈；澳洲北部、南美、非洲、印尼及熱帶太平洋的小部分海域受到的衝擊較為輕微；目前尚能保存原貌者僅有南北極附近的海域，但也正面臨冰棚融化

的威脅。2008 年 2 月 25 日，美國科羅拉多大學博德校區「國家雪冰資料中心」發布新聞稿指出，存在地球 1500 年，位於南美洲南方 1,609 公里處，總面積達 1 萬 3,680 平方公里，堪稱南極最大型的浮冰－威爾金斯冰棚發生崩解。這是目前觀測到南極所有消融後退的冰棚當中，崩解最為厲害者，破裂面積超過六個紐約曼哈頓島，比兩個臺北市還要大。最新的調查報告指出在 2023 年七月中，南極海冰面積比 1981~2010 年期間的平均數值減少 260 萬平方公里，消失面積相當於 72 個臺灣。其也指出當年二月底南極海冰達到有紀錄最低水準（180 萬平方公里）。而在 2023 年的 12 月，科學家也觀察到全球最大、具 1 兆公噸的世界最大冰山正在脫離南極。可以預見未來全球暖化的狀況若無法加以控制，僅存的海洋淨地－南北極海域的生態也同樣岌岌可危。

據估計，人使用石化燃料所增加的二氧化碳，每年有 60 億噸的碳，其中約有 30% 溶於海洋中。

當二氧化碳被海洋的自然吸收過程抵消了一些人類釋放的二氧化碳對氣候變化的影響，過去的三億年間，海水酸度的變化幅度和速率皆相當穩定。二氧化碳是被海洋所吸收溶解後形成碳酸，同時釋放氫離子導致表層海水酸鹼值降低，形成「海洋酸化」。工業革命至今，表層海水的平均 pH 值由 8.2 降至 8.1，此也相當於海洋酸度增加了約 30%。此也將使得倚賴碳酸鈣建造骨骼或外殼的珊瑚、海膽、貝類等物種，更加面臨威脅。科學家預測到 2100 年將再下降 0.3~0.5 個單位。

根據「國際海洋狀態研究計畫」(International Programme on the State of the Ocean, IPSO) 與國際自然保育聯盟 (International Union for Conservation of Nature) 於 2013 年 10 月共同公布的報告顯示，海洋酸化的速率創三億年來新高，IPCC 報告 (2023) 亦指出，同期海洋表層的酸度增加 26%，酸化速度更是 40 萬年來最高。報告也發現海洋含氧量持續減少，到 2100 年左右，平均含氧量將可能下降 7%，導致魚類及其他海洋生物出現性別轉變及畸形生長。

臺灣及離島海岸線長達 1,500 多公里，多樣化的棲息地創造不同的海洋生態系，根據《臺灣物種名錄資料庫》(TaiCOL) 統計，共有 1 萬 4,115 種，包括 3,157 種海洋魚類、588 種珊瑚、1,407 種海藻、1,489 種蝦蟹、84 種海鳥、30 種鯨豚及五種海龜，海洋物種多樣性高。1970~1990 年間，臺灣的海洋生物的物種數和豐度（個體

數或族群量）大幅下降，主要原因為來自「陸源性汙染」和不當的開發行為。如：地盤下陷、都會汙水、船舶排汙、廢物傾棄和毒魚炸魚等行為，加速了海洋環境之惡化現象。臺灣西海岸（北由臺北淡水河口，南迄高屏溪口）陸續規劃海岸新生地、填築工業區，幾乎完全改造了臺灣的自然海岸面貌；部分重要濕地（潟湖、河口、紅樹林等）與野生動物棲息地也都因之受到嚴重破壞；大規模快速的抽砂填海，不但影響海岸線的穩定，也破壞生物的棲息環境，對於近海生態系穩定的維繫，影響甚大（見第 6 章）。

🍀 4-5-2　衝擊與影響

由全球海洋生態衝擊地圖（圖 4-21）中發現，人口密集地區的沿岸海域，受害程度最為嚴重。研究指出，美國奧勒岡州海岸的某些淺水區域中的溶氧量已趨近於零（死亡區），顯示海水溶氧分布受人為的影響快速改變。此外，人類活動所產生的二氧化碳改變了海水溫度與海洋酸化、航運發展造成外來種入侵、無節制的漁撈作業導致海洋資源急劇減少、魚類族群結構劣化、棲息地與哺育場被破壞等問題接踵而來。過去人類多著重於陸地生態保育，近年來才逐漸意識到人類活動對海洋生態的破壞。人們對海洋的了解較少又關注得太慢，當人類意識到問題之嚴重性時，可能早已失去許多珍貴的海洋資源。

世界資源研究所、大自然保護協會等全球 25 家非政府組織、環保機構的研究報告指出，目前全球 75% 的珊瑚礁面臨過度捕撈、汙染、海水升溫、海洋酸化等威脅（圖 4-22）。過度捕撈、沿海開發、汙染等對珊瑚礁構成最直接的威脅，而海水溫度升高、二氧化碳汙染所致的海洋酸化也導致珊瑚白化和死亡。如果不採取行動，到 2030 年，全球 90% 的珊瑚礁將面臨威脅，到 2050 年，幾乎所有珊瑚礁都將面臨威脅。全球有 27 個國家的珊瑚礁面臨的威脅較大，其中海地、格瑞那達、菲律賓、葛摩、萬那杜、坦桑尼亞、吉里巴斯、斐濟和印尼 9 國面臨的威脅最大。如果不採取行動，到 2030 年，全球 90% 的珊瑚礁將面臨威脅，到 2050 年，幾乎所有珊瑚礁都將面臨威脅。依據世界自然基金會 (World Wide Fund for Nature, WWF) 在 2015 年9 月緊急發布的「2014 年藍色星球生命力報告」(Living Blue Planet Report)，報告指出，1970~2014 年這 45 年間，全球海洋物種減少了 49%，海洋哺乳類、鳥類、爬蟲類和魚類數量平均減少一半，部分商業捕撈物種（如鮪魚、鯖魚和鰹魚等食用魚）

甚至減少近 75%，所有的海洋物種中，有 25% 生活在珊瑚礁生態系，全球依賴珊瑚礁所發展的漁業，對小島嶼發展中國家之在經濟、生計和糧食安全皆扮演重要地位，珊瑚礁的滅絕對於這些國家而言，將產生嚴重的後果。

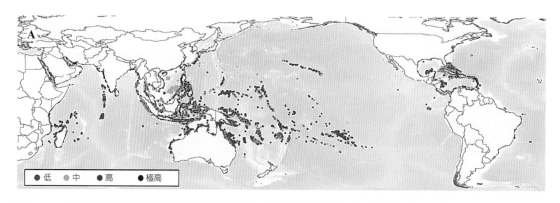

圖 4-22　全球瀕危珊瑚礁之分布（不同顏色點為受威脅程度，藍點：低，黃點：中度，紅點：高度，棕點：極高度）。

　　海水暖化改變海洋生物生育、進食與遷徙等行為模式的顯著證據皆已被提出。地球暖化後，海水溫度提升，海洋生物為了尋找食物等因素，平均每年向極地移動 7 公里。沿海生態環境受汙染及人為破壞，使得漁獲量日漸減少，漁民收益銳減，因海洋持續暖化，使得許多捕魚業開始往極地尋找更多漁獲，許多海洋生物面臨絕種危機。報告指出，海洋上層溫度過去 100 年來平均增加了 0.6℃，持續暖化的結果，將導致北極夏季冰層融解、氧氣稀少以及冰封北極冰層底下的甲烷被釋放到大氣中，讓溫度加溫。未來即使各國政府實踐目前氣候承諾，在升溫 2℃ 的較佳情境下，世界仍將失去約 200 萬種海洋物種，約 4% 的物種滅絕。

　　臺灣擁有的海洋生物多達 1 萬 1,700 多種，但目前列入禁止採捕的海洋動物僅 88 種，對於種類數量龐大的魚類與珊瑚的保護工作十分缺乏，受到保護的類型仍不夠全面，落實推動限漁及設立完善的海洋保護區、加強海洋生物多樣性保育的宣導與教育，保護海洋生態及漁業資源，海洋資源才能永續利用。

　　海洋生物賴以為生的海水一旦酸化，包括珊瑚、螃蟹、牡蠣與部分浮游生物，需要碳酸鈣形成骨骼的生物，便首當其衝受到波及。其中稍早的研究更顯示，海水溫度上升 2℃，珊瑚礁就可能停止生長，到達 3℃ 時便會溶解，目前海水平均溫度較工業化時期相比，已經上升了 0.9℃。

　　除漁業資源外，海岸休閒觀光產業也會因海洋環境的敗壞而受影響。以魚翅（鯊魚魚鰭）為例，據估計全球以鯊魚為基礎的生態觀光的年總產值超過 3 億美元，並且將在未來的 20 年再增加一倍以上。相較之下，雖然魚翅的全球產值已達 10 億美元，但被捕獲的鯊魚就從此消失，不僅衝擊到當地的休閒觀光產業，並對海洋生態系統（尤其是珊瑚礁系統）的健康造成許多負面的影響（如獵物數量的控制），而其所帶來的經濟以及生態系統服務功能的損失，遠超過魚翅的價值。

　　海洋不僅能提供人類所需的所有物資外，並對陸地環境（如氣候）的控制與調節亦有相當的影響。當陸地資源因開採而逐漸枯竭時，人類必將轉向海洋，例如海上油井的開發、海水淡化、海洋牧場、礦物的獲取等。近年來許多學者強調人類的未來需仰賴藍色經濟 (blue economy)（見第 7 章）－即以海洋環境與資源為基礎的經濟發展模式，但仍須仰賴健全的整體海洋環境。因此，海洋的保育亦是人類未來追求永續發展最重要的課題之一。

  註 解

1. IPCC：政府間氣候變遷專門委員會設立於 1988 年，是一個附屬於聯合國之下的跨政府組織，由世界氣象組織與聯合國環境署合作成立，專責研究氣候變遷之問題以提供原因、潛在影響、科學技術、社經衝擊以及應對策略等的綜合性評估。

2. 二氧化碳當量：是測量碳排放的單位，其作法是將不同的溫室氣體對於暖化的影響程度都用其相當於二氧化碳的量來表示。

3. 多布森單位：是指在標準溫度與標準壓力下 0.01 毫米厚的臭氧層，而此命名是為了紀念英國物理學家和氣象家戈登·多布森 (Gordon M. B. Dobson)。

4. UV-C：是指波長 100~280 nm 的紫外線，其波長較短，但具較強能量。UV-B 是指波長介於 280~320 nm 的紫外線，而 UV-A 之波長則在 320~400 nm 之間。

5. 倫敦修正案：為蒙特婁議定書於 1990 年的修正案，主要修正原因是根據 1998 年臭氧層破壞的科學評估，1987 年的蒙特婁議定書低估了臭氧層破壞的速度，若無後續的修正補救，則要在 2050 年恢復臭氧層是不可能的。主要是增管制物質，包括四氯化碳、1,1,1-三氯乙烷以及其他 CFCs。

6. 哥本哈根修正案：為蒙特婁議定書於 1992 年的修正案，其原因同上。主要是大幅提前削減時程，並增管制物質，包括 HCFCs、HBFCs 及溴化甲烷。

7. 北京修正案：為蒙特婁議定書於 1999 年的修正案，主要是增 HCFCs 生產的管制。

8. 碳匯：carbon sink，是指一個地區吸納二氧化碳的能力或量。如海洋、土壤、森林、生物體都能儲存碳。

習題與討論 EXERCISE

一、選擇題

( ) 1. 造成目前地球暖化的最主要溫室氣體是？ (A) 二氧化碳 (B) 水氣 (C) 甲烷 (D) 氮。

( ) 2. 南極臭氧洞比北極顯著，是因為 (A) 溫度較高 (B) 氣旋較為孤立 (C) 汙染物性質較特殊 (D) 紫外線較弱。

( ) 3. 為了控制氟氯碳化物的使用與排放，1987 年 91 國簽署了 (A) 蒙特婁議定書 (B) 巴塞爾公約 (C) 京都議定書 (D) 氣候變化綱要公約。

( ) 4. 砍伐熱帶雨林對氣候有何影響？以下何者不正確？ (A) 當地雨量減少 (B) 當地氣溫升高 (C) 減少大氣中二氧化碳含量 (D) 蒸發量變小。

( ) 5. 大氣組成中，下列何者具有過濾紫外線之功能？ (A) 氧氣 (B) 臭氧 (C) 氮氣 (D) 水蒸氣。

( ) 6. 地球大氣層中臭氧濃度最大的高度約在 (A)0~10 (B)20~40 (C)40~60 (D)25~75 公里。

( ) 7. 氣候變化綱要公約主要目的在於 (A) 減少空氣汙染 (B) 穩定大氣中溫室效應氣體的濃度 (C) 降低全球硫化物的排放 (D) 管制核能發電所可能造成的全球暖化。

( ) 8. 有關全球海水面逐年上升現象，下列何者非其主因？ (A) 全球暖化 (B) 降雨量漸增 (C) 人為排放溫室氣體 (D) 大陸冰川的融解。

( ) 9. 以下哪些物質是可能造成酸雨的物質？ (A)CO_2 (B)NOx (C)O_2 (D)$CFCs$。

( ) 10. 以下何種現象不會導致海洋環境惡化？ (A) 海洋生物多樣性下降 (B) 海水含氧量提高 (C) 海水酸化 (D) 海洋固定二氧化碳量降低。

二、問答題

1. 試簡要說明京都議定書中管制的溫室氣體種類。

2. 試述造成酸雨形成的物質，並分別說明其來源。

3. 說明為何「臭氧洞」多發生於南極上空。

4. 試述森林面積減少對地球可能造成的影響。

5. 試述造成全球海洋環境惡化的主要原因。

參考資料 REFERENCES

1. 台達電子文教基金會 IPCC 第六次評估報告－物理科學基礎 決策者摘要翻譯：
   https://tccip.ncdr.nat.gov.tw/km_abstract_one.aspx?kid=20210922175643

2. 《科學》雜誌，Science, vol. 319, no. 5865, p.948~952.

3. 中央氣象局全球資訊網：http://www.cwb.gov.tw/

4. 臺灣大紀元時報：http://tw.epochtimes.com

5. 臺灣酸雨資訊網：http://acidrain.epa.gov.tw/index.htm

6. 臺灣酸雨資訊網：http://acidrain.epa.gov.tw/

7. 世界衛生組織，2010，世界瘧疾報告 (World Malaria Report)。

8. 全球酸雨分布圖：http://go.hrw.com/venus_images/0647MC30.gif
   http://www.sciencemag.org/cgi/content/full/319/5865/948。

9. 全球森林資源分布示意圖：http://www.futuretimeline.net/blog/images/551.jpg

10. 邱文彥，2000，海岸管理：理論與實務，初版，臺北：五南圖書出版公司。

11. 政府間氣候變遷專家小組 (IPCC)「第五次評估報告」：第一次工作小組，http://www.climatechange2013.org/

12. 陳昭銘，2009，全球暖化在臺灣，水土木科技資訊季刊，46 期。

13. 陳朝圳、王慈憶，2009，氣候變遷對臺灣森林之衝擊評估與因應策略林業研究專訊 Vol.16 No.5。

14. 國家災害防救科技中心，2013/09，2013：IPCC 特別報告：「促進氣候變遷調適之風險管理－針對極端事件及災害」－給決策者摘要，p.20。

15. 國家災害防救科技中心，2011，臺灣氣候變遷科學報告。

16. 彭啟明，2013，「2013 台達媒體沙龍－解讀聯合國第五份氣候變遷報告」系列活動。

17. 聯合國環境規劃署，2008，全球環境展望 4，p.71，中國環境科學出版社。

18. A Global Map of Human Impacts to Marine Ecosystems:http://www.nceas.ucsb.edu/GlobalMarine

19. Benjamin S. H, 2008, A global map of human impact on marineecosystems. Science, 319(5865): 948~952

20. Eli Kintisch, 2008, Ocean map charts path of human destruction. ScienceNOWDaily News, 14 February 2008. http://sciencenow.sciencemag.org/cgi/content/full/2008/214/2

21. Grid Arendal, A Centre Collaborating with UNEP：http://www.grida.no/graphicslib/detail/climate-change-and-malaria-scenario-for-2050_bffe

22. Global Forest Change: http://earthenginepartners.appspot.com/science-2013-globalforest

23. IPCC Fourth Assessment Report: Climate Change(AR4), Fifth AssessmentReport: Climate Change 2013 (AR5). https://www.ipcc.ch/publications_and_data/publications_and_data_reports.shtml

24. IVL Svenska Miljöinstitutet：http://www2.webap.ivl.se/#

25. NOAA, National Centers for Environmental Information: http://www.ncdc.noaa.gov/

26. National Geographic, September 2013.

27. Reefs at Risk Revisited, 2011, World Research Institute：http://www.wri.org/publication/reefs-risk-revisited

28. IPCC Sixth Assessment Report: Climate Change 2023 (AR6).

Environment
and Life

環境汙染與生活 05

FOREWORD　前言

20 13年由臺灣空拍攝影師齊柏林執導的電影「看見臺灣」拍到高雄楠梓區後勁溪，被工廠廢水汙染成一片血紅畫面，實在令人心痛；更驚人的是，一年營收 1,700 億元、員工 2 萬人、市占率 20% 的全球最大半導體封裝測試廠日月光公司竟是汙染後勁溪的凶手之一。日月光 K7 廠每日廢水量產 5,500 立方米，是高雄市第 9 大排放水量之事業，高雄市環保局稽查發現，該廠排放口被直出酸鹼值 2.63，等於可樂或食用醋的濃度，而放流池重金屬鎳 (Nickel, Ni) 含量每公升 4.38 毫克，是標準的 4 倍，與原廢水數值相近，明顯未經處理就排放；另外，後勁溪下游更有高雄農田水利會引水為梓官區、橋頭區的農業用水，影響下游將近 940 公頃農田。由於違規情節重大，遭高雄市環保局開罰 60 萬並勒令停工。

　　古今中外造成重大環保事故，一切起因於人類無限制的生產和消費，同時產生的廢汙並未妥善處理，加速了從原物料至廢棄物的產生與積聚，而形成各種汙染問題，包括水汙染 (water pollution)、空氣汙染 (air pollution) 與土壤汙染 (soil pollution) 等，三者如影隨形在生活中流竄散布，同時並有相互轉換及影響的可能，如圖 5-1 所示。

　　導致環境汙染的物質大致可分為兩類，一為天然物質，二為人造化合物。

　　自然環境中原本已存在的物質，只是其量或濃度未超過自然界可容納的狀況，屬於這一類的物質包含有機與無機物，也包括所有的金屬。有機物質在自然環境中經相當時間後，自會被吸收，或經化學、物理、生物作用所分解而回復無害狀況，而金屬則透過不同的自然作用分布於不同環境或生物體內。

　　但工業革命和化學合成技術成熟後，我們生產多種自然界中沒有的人工合成物質如有機氯農藥 DDT、多氯聯苯 PCB，這些持久性物質短時間無法被微生物所分解，而殘留在環境中數十年，危害地球環境及生物環境相當大。

　　另外，除上述兩類汙染物質外，水中的病原菌（如大腸桿菌）、病毒（如腸病毒）、黴菌（如毛黴菌）或其他微生物（如隱孢子蟲）若透過水體進入人體（生物體）內，也有可能致病會造成健康危害。

本章將敘述各項汙染的本質、產生的由來與生活的影響、同時說明如何防範汙染產生及各項汙染整治策略，以恢復清新健康的生活家園。

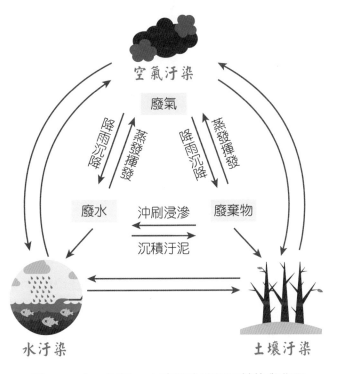

圖 5-1　水、空氣、土壤汙染的相互轉換與作用

5-1　水汙染與影響

　　水資源短缺已經是現今全球人們最大的隱憂，因為人口快速的成長，民生用水、工業用水及農畜用水等需求增加，使得地下水超抽與河流過度開發，再加上水汙染與水資源的管理不善，導致可使用的水更顯缺乏。聯合國報告指出：全球超過 80 億人口中，大約 12 億人口處於用水困難情況，而且每年有 100 多萬兒童死於不乾淨用水所造成的疾病；全球主要河流更有一半以上正遭受不同程度的汙染，甚至出現乾涸的現象。

　　我們都知道，水是人類生活中非常重要的物質，人體組織中水分占人體重量的 60~70%，其他動物或植物體內的水分也占 50% 以上，可見水是維持生命不可缺少

的物質；除此之外，水也是國家經濟發展的必要條件，不論是商業活動、工業發展、農業運作、水力開發及水產養殖，皆需要水的配合。自然界的水分布在大氣、地面、土壤及海洋中，而我們所能利用的主要是淡水，僅占地球上水量的 0.8% 而已。

🍀 5-1-1　水體汙染來源及指標

水體係指以任何形式存在之地面水及地下水。地面水體 (surface water bodies)：指存在於河川、海洋、湖潭、水庫、池塘、灌溉渠道、各級排水路或其他體系內全部或部分之水。地下水體 (groundwater bodies)：指存在於地下水層的水。

一、水體汙染的來源

水體汙染的來源有許多，如圖 5-2 所示，國內水汙染的來源大致可分為四大類，包括市鎮汙水（municipal sewage 或生活汙水 domestic sewage）、工業廢水 (industrial wastewater)、畜牧廢水 (livestock wastewater) 及垃圾滲出水 (leachate) 等。據 2020 年數據統計顯示，臺灣地區產生的汙水量中，市鎮汙水占 81.1%、工業廢水占 8.7%、畜牧廢水占 10.7%；各種廢汙水的特性分別敘述如下：

1. 市鎮汙水：包括家庭汙水及商業、機關團體、學校及部分的事業廢水等。市鎮汙水含有固體、糞便、油脂、廚餘等，內含大量的病菌及有機物質最易影響環境衛生。家庭用的清潔劑、殺蟲劑及除草劑亦是市鎮汙水之重要來源，且其毒性較強。

2. 工業廢水：為目前臺灣地區主要水汙染來源之一，造成水質汙染的來源包括生產過程中需要的大量用水，如冷卻水、製造水（超純水）、鍋爐用水、產品用水、清潔用水等所產生的廢水及廠內一般汙水。

3. 畜牧廢水：畜牧廢水汙染主要來自於養豬場，每隻豬平均每日可排放 50 公升的廢水，相當於 4~6 個人所排放的糞尿量；若未經處理即排於溝渠，不僅影響環境衛生，而且會導致河川、溝渠濁黑，產生臭味；若在集水區上游，更會形成水庫及湖泊的優養化，導致飲用水汙染，增加自來水廠的處理費用。

4. 垃圾滲出水：垃圾掩埋場底層的滲出水含有很高濃度的有機物，且濁度及色度均很高，往往是最難處理的廢水；一般在掩埋初期，汙染物濃度較高，以後隨掩埋時間而降低。

圖 5-2　水體汙染的來源

二、水質指標

　　水 (water) 的化學式為 H_2O，是由氫、氧兩種元素組成的無機物，在常溫常壓下為無色無味的透明液體。若是單純的水，對人類及各種生物幫助很大；然而現代水環境中的汙染物質變多且複雜，為了控制與限制水中汙染物質的含量，我國對於自來水淨水及汙水處理後放流水等水質均有嚴謹的規範標準，一般管制的汙染指標物質濃度訂的越高，安全與健康的風險越高，但淨水處理費用較低；濃度訂的越低則風險越低，但水處理費用較高。作為飲用水水源之地面水體及地下水體的水質須符合「飲用水水源水質標準」；淨水處理廠處理後的水質須符合「自來水水質標準」，而自來水作為飲用水時須符合「飲用水水質標準」；汙水處理後的水質必須符合「放流水標準」。

由於水環境中多了許多物質而會顯現不同的特性，環境工程與科學學門常將水質特性分為物理性指標 (physical indicators)、化學性指標 (chemical indicators) 以及生物性指標 (biological indicators)。當然，訂定這些指標的目的也是作為判斷水質優劣以及適用性的一種方式。

水質分析項目有很多種，茲舉常用的水質指標，說明如下：

（一）常用的物理性指標

1. 溫度

汙水的溫度 (temperature) 一般較自來水水溫高（約 1~2°C）。水溫常依季節變化而改變，在一年當中通常水溫較空氣中之溫度為高，但夏季的幾個月則較空氣中之溫度為低。溫度越高，水中微生物的活性越高，每增加 10°C，微生物生化反應速率約增加 1 倍。溫度越高，水中飽和溶氧濃度越低；反之則溶氧就越高。當高溫廢水（如火力電廠或核能電廠溫排水）排入水體後，將增加細菌活動力，加速水中有機物分解，消耗大量溶氧，這將使魚類死亡，同時加速化學反應速率，使廢水具腐蝕性且呈腐化狀態，而產生易燃物質及臭味 (odor)，如甲烷及硫化氫等。

2. 色度

水中色度 (color) 來自自然界的金屬離子、腐植土、泥炭、浮游生物、藻類、微生物、水草及工業廢水等。一般新鮮汙水呈淺灰色，腐化汙水呈暗灰色或黑色，當有色度物質進入水體後，會影響水的觀瞻及光的穿透，水的利用價值會大大減低。

3. 濁度

濁度 (turbidity) 表示水對光的反射及吸收性質，當光線無法穿過水體時，水質可能是骯髒不潔的。濁度來源有黏土、矽土、淤泥、無機及有機微粒、浮游生物、細菌等。濁度影響外觀、光的透過，進而影響水生植物的光合作用，魚類的生長與繁殖也將受到影響。

（二）常用的化學性指標

1. 氫離子濃度指數

pH 值 (potential of hydrogen, pH) 介於 0 與 14 之間，如圖 5-3。自然水為中性約為 7.0，小於 7.0 表示酸性，大於 7.0 表示鹼性。正常雨水的 pH 值約為 5.5 左右，但

雨水的 pH 值在 5.0 以下就可稱為酸雨，其對環境及水源生態影響相當大；而藻類繁生的池塘或湖泊，因光合作用吸收水中二氧化碳，反而使 pH 值偏高，達 8.0 以上。酸性廢水具極強之腐蝕性，對河港和河水系統設備損害甚鉅，亦能殺滅魚類等水生物，且使水體不適於遊憩、灌溉及給水之用；鹼性廢水腐蝕性較小，且能由空氣中吸收二氧化碳而產生中和作用，對水體之汙染雖不如酸性廢水來得嚴重，但對水生物、給水的可口度和遊憩用途方面影響也很嚴重。

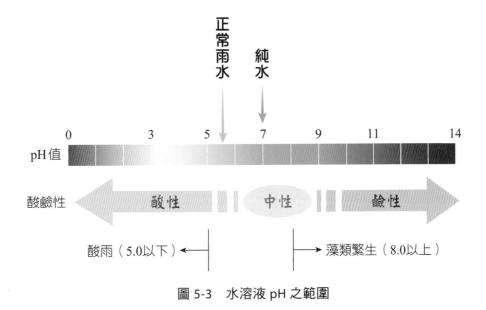

圖 5-3　水溶液 pH 之範圍

2. 溶氧

溶氧 (dissolved oxygen, DO) 係指溶於水中氧的量，水中的溶氧可能來自大氣中氧的溶解、人為的曝氣以及水生植物的光合作用。氧在水中的溶解度與溫度有關，壓力一定時，溫度越高，DO 越少，此外氯鹽存在時會使飽和溶氧減少。在 20°C 以下的純水中，飽和溶氧僅有 9.2mg/L。實際水中的溶氧，因受種種因素的限制，非但不能達到飽和，甚至汙水的水中，由於有機物為細菌所分解，需要耗用水中的溶氧，而使水中造成缺氧的狀態。此時水的外觀將呈黑色，氣泡上冒，並有臭氣發生。溶氧對於河川的自淨作用、魚類的生長（通常需要 4.0mg/L 以上）、水的利用影響極大，為水汙染方面的一項重要的指標。

3. 生化需氧量

生化需氧量 (biochemical oxygen demand, BOD) 乃指水中有機物質在某一特定的時間及溫度下，由於好氧性微生物的生物化學（分解）作用所耗用的氧量。BOD 的大小表示生物可分解有機物的多少，間接指示汙水或有機廢水的汙染強度。如廢水的有機物高，排入河川後，容易造成缺氧的狀況，其 BOD 亦高。

4. 化學需氧量

化學需氧量 (chemical oxygen demand, COD) 乃指水樣中加入已知量的化學氧化劑（國內使用重鉻酸鉀 $K_2Cr_2O_7$），在某一特定溫度下（140~150°C 加熱迴流）進行氧化作用，而後檢測剩餘的氧化劑，以測出水樣中有機物的相對量。COD 檢測如同 BOD 一樣，亦是在測定水中含有多少有機物，可做為有機性工業廢水汙染之重要指標。

5. 懸浮固體量

懸浮固體 (suspended solid, SS) 指懸浮於水中之物質，不僅有礙觀瞻、阻礙水體曝氣作用之進行，且增加水體之濁度，損傷魚鰓使魚類致死，阻礙日照影響水生綠色植物之光合作用，沉積之有機性汙泥亦因厭氣反應而腐敗分解，消耗水中溶氧，甚至產生甲烷、硫化氫等惡臭氣體，影響水生物之生存。

6. 硝酸鹽

硝酸鹽 (nitrate) 為氮循環（見第 2 章）中生物氧化作用的最後階段（蛋白性氮 →游離氨氮 NH_3-N →亞硝酸鹽氮 NO_2^--N →硝酸鹽氮 NO_3^--N）。水中檢出氮化合物被認為是有機物之存在，一般水中檢測出蛋白性氮、氨氮的存在表示汙染時間較短，而硝酸鹽氮則表汙染時間較長。2 個月以下嬰兒飲用含有硝酸鹽氮之飲用水，會引起變性血色蛋白血症 (methemoglobinemia)，或稱藍嬰病 (blue baby disease)，其原因是硝酸鹽氮在嬰兒體中還原為亞硝酸鹽氮後與血液作用，減少血液中輸氧量，使膚色呈現藍色，嚴重者將致死。廢水中含有過量之硝酸鹽，將使承受水體產生優養狀態，繁生大量藻類、布袋蓮，並因其死亡殘骸之細菌分解，增加承受水體有機汙染的負荷，進而影響到給水水源。硝酸鹽氮在缺氧狀態下，亦會還原成亞硝酸鹽氮，最後形成 N_2 氣體。

7. 磷酸鹽

磷酸鹽 (phosphate) 為構成土壤肥分及動植物原生質之要素，所以是植物及動物生長的重要養分。磷酸鹽可分為正磷酸鹽及聚磷酸鹽，兩者合為總磷酸鹽：一般水中的磷酸鹽含量很低，如水中濃度高，表示可能為工業廢水、家庭汙水、清潔劑、肥料及灌溉排水汙染的結果，將會引起湖泊水庫中水生生物的大量生長，導致優養現象的發生（見 5-1-2 地表水汙染的優養化）。

8. 其他

如氯鹽、硫酸鹽、重金屬、清潔劑、油脂……等物質如果濃度過高造成水質的改變或產生毒害，皆須加以管制，避免其進入水體。

（三）常用的生物性指標

1. 大腸桿菌群

大腸桿菌群 (coliform group) 係大腸菌或大腸菌類似性質之總稱，細菌學上之定義為大腸菌類係普通棲於人畜盲腸管內之格蘭姆染色陰性無芽胞之桿菌類，能分解乳糖而生成酸及氣體，或以標準濾膜法培養，產生金屬光澤之深色菌落者。因人體排泄物中經常有大量存在，且常與消化系統之致病菌共存，而其較一般致病菌（傷寒、霍亂、痢疾）之生存力強，但比一般細菌弱（如水中無大腸菌類，可認為無致病菌存在，但有大腸菌類並不表示一定會有致病菌存在），且其檢驗簡單又迅速，極少量亦可檢驗，因以上所述原因，故給水系統中常以大腸菌類作為給水汙染之重要指標。

未有自來水的年代，人們飲用的水多來自未經消毒的河水或井水，當這些水受到病原菌的汙染時，常引起如霍亂、傷寒、亞米巴痢疾和腸胃炎等水生傳染疾病的流行。

自從自來水消毒方法問世之後，這些傳染病就很少發生，但為確保自來水的安全衛生，常選擇大腸菌類作為水質微生物（病原菌）的指標，如自來水被檢出有超過標準的大腸桿菌群，即表示可能受到糞便汙染，進而可能成為病原菌的來源，因此它主要是作為淨水和供水管理是否完善的指標。

2. 總菌落數

總菌落數(total bacterial count)和大腸菌類一樣被選擇作為水質微生物（病原菌）的指標，如自來水被檢出有超過標準的總菌落數，即表示淨水和供水管理不夠完善，必須立即加以改善以確保飲用者的安全。

3. 水生物

水生物 (aquatic organisms) 係指水體中魚、貝、浮游生物及底棲生物，其種類及數量會隨水質的影響而產生變化。一般潔淨的水，水中生物種類較多，而生物數量較少；反之水體受汙染，水中生物種類會減少，但生物數量較多。所有生物相的狀態是可用來評估承受水體汙染情形一項重要的指標，同時亦可應用在廢水生物處理，藉以了解處理效果。

🍀 5-1-2　地表水汙染

地表水汙染包括河川汙染 (river pollution)、湖泊水庫汙染 (pollution of lakes and reservoirs) 及海洋汙染 (marine pollution)；而後者海洋汙染已於第 4 章中充分敘述，這裡所要談的地表水汙染主要為前二者，其汙染源及汙染特性不盡相同，分別說明如下：

一、河川汙染

目前臺灣地區河川總長度約 2,934 公里，其中未受汙染的河段僅占河川總長度的 61.65%；歷年環保署統計資料顯示未受汙染的河段越來越少，也就是說河川汙染的問題越來越嚴重，導致許多河川的水質無法利用，相對地可用的水量也就越來越少了（見第 6 章）。一般河川以中下游汙染較嚴重，上游較無汙染。

當水汙染物排入河川後，會同時受到祛氧作用 [1](deoxygenation) 及再曝氣作用 [2] (reaeration)，而使得河川中的溶氧隨著流程而產生明顯的變化，若以為時間為橫軸，溶氧為縱軸，畫出溶氧變化曲線，可發現曲線形狀下垂，一般稱之為氧垂曲線 (oxygen sag curve)。

當排入河川的廢汙水有機濃度不高時，因祛氧作用所消耗的溶氧能由再曝氣作用所供應的溶氧量補充，可使下游河川溶氧回復至原來正常狀態。反之，若廢汙水有

機濃度甚高，耗氧速度將比供氧速度來得快，這時河川中的溶氧可能降至零而危害到水中魚類及其他生物的生存，同時，河川呈現厭氧狀態 (anaerobic state)，將產生甲烷 (methane, CH$_4$) 及硫化氫 (hydrogen sulfide, H$_2$S) 等惡臭氣體，河川表面並有泡沫狀產生，遇到這種情況，河川回復時間將相當久，甚而無法回復，如圖 5-4 所示。

當汙染物排入河川後，水生物的種類及數目變化非常激烈，在低溶氧的情況下，能存活的魚類非常少，例如吳郭魚可生存在溶氧僅 4.0 mg/L 的水中，而鱒魚卻需要冰冷純潔的水質才能生存。雖然很多生物可能在汙染物排進河川後而消失掉，然而仍有許多生物如汙泥蟲、紅蚯蚓或鼠尾蛆卻可以大量繁殖。有關汙染物排入河川後，下游生物的物種 (species) 及生物質量 (biomass) 的變化如圖 5-4 所示。

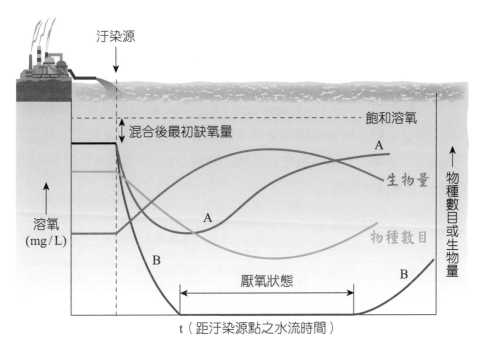

圖 5-4　有機汙染源排入河川下游之溶氧變化狀況，曲線 A（綠線）為沒有厭氧狀況下的氧垂曲線，曲線 B（粉紅）則表示嚴重汙染造成的厭氧狀況

二、湖泊或水庫汙染

根據環保署對臺灣地區 20 座主要水庫的監測資料顯示，每年皆有幾座水庫屬於優養化狀態（2021 年有 7 座）。除了造成水質處理的困擾外，最令人擔憂的即是微囊藻毒素的出現與危害。微囊藻大量繁殖時會釋出微囊藻毒，這是屬於一種肝毒素，

人類經由飲用含藻毒的水，或食用了體內含藻毒的魚貝類，藻毒就會累積在肝臟或膽囊，造成肝硬化、肝腫瘤或膽囊病變，嚴重時還會致死。巴西在 1993 年及 1996 年均曾發生數千人致病、近百人死亡的微囊藻毒案例。

　　高山地帶湖泊或水庫（如臺灣的德基水庫）的主要汙染源來自農業生產過程產生的農業汙染及化學肥料汙染；其次是山坡地濫墾開發，導致土壤沖刷汙染以及旅遊事業帶來的生活汙水等。而位於平地的水庫（如澄清湖、阿公店水庫）汙染來源則是工業廢水、家庭汙水、農業畜牧廢水、垃圾滲出水、上游農業廢水以及旅遊事業之生活汙水等。

三、優養化

　　當含有碳、氮、磷等有機廢水注入湖泊或水庫後，裡面的好氧性微生物會將有機物分解，同時，位於表層附近的浮游性植物 (phytoplankton) 或藻類 (algae) 則取用廢水中的無機營養鹽和微生物分解的產物，並利用日光為能源，製造高能量的有機物；隨後，藻類被動物性浮游生物 (zooplankton) 所食用，動物性浮游生物再被較大的生物如魚類所捕食。以上所有生物在生長及代謝過程均會排泄或死亡，而導致有機物重新釋回湖泊或水庫中，細小微生物再將之分解；如此循環不已，即形成所謂的湖泊生態系統，如圖 5-5 所示。

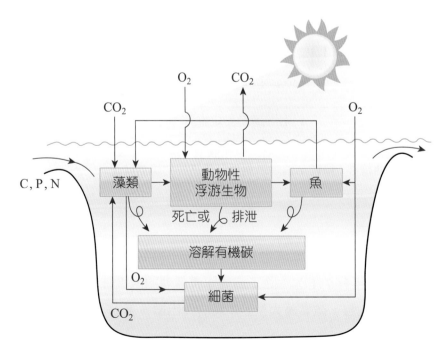

　　　　　　　圖 5-5　湖泊生態示意圖

　　但當有機汙染物質及營養物質（如 N, P）排入過量，導致水體的自淨能力無法負荷時，將使其整個水體生態系統破壞，較特殊問題為優養化 (eutrophication)。

　　一個尚未受汙染的湖泊，碳 (carbon, C)、氮 (nitrogen, N) 及磷 (phoshor, P) 的補給並不充分，而限制藻類的繁殖。但當化學肥料、清潔劑等含有過多的營養成分進入湖泊時，藻類的生長即快速展開，動物性浮游生物及魚類也被吸引而來。當藻類、動物性浮游和魚類相繼死亡後沉入湖底，很快湖底因有機物過多而形成厭氧狀態。當表面越來越多的藻類出現時，中水層的地方也可能轉為厭氧狀態，於是所有的生物均集中在表水層活動，這時濁度會顯著增加，光線的穿透力亦減少，藻類放出溶氧亦減少，最後表水層也形成厭氣狀態；同時因光線穿透力受阻，藻類亦大都集中在表面形成很大的綠色草蓆，即所謂藻花 (algae bloom) 現象，這些藻類終會死亡，而塞滿了整個湖泊或水庫，這就是優養化 (eutrophication) 的過程。優養化現象並不僅侷限於淡水系統。全球各沿海人口密集地區亦可能發現大規模的優養化爆發的情形（見第 4 章）。

　　優養化會產生大量藻類，影響水質色度，引起臭味、產生生物毒物，使湖水 pH 值白天升高至 10~11。

🍀 5-1-3　地下水汙染

　　地下水的自淨能力遠比河川、海洋、湖泊等承受水體來得弱，因為地下水層中缺少氧，且地下水流速緩慢。一旦受汙染，則恢復清淨常需一段很長的時間；另一方面，汙染物連續侵入地下水，將造成累積濃縮的現象，故在發現地下水受汙染後，也很難判定汙染的來源。因此，我國土壤及地下水整治法明文規定，廢（汙）水排放注入地下水體需要預先申請，而且需處理至規定標準、且不含有害物質以及補注地下水源為目的，始可廢（汙）染水注入地下水體。因此，若欲以地下水做為廢（汙）水排放之承受水體，需要謹慎為之。地下水汙染的來源如圖 5-6 所示，分別說明如下：

1. 家庭、工業汙水汙染：汙水經由化糞池、下水道、汙水塘或以汙水作為灌溉區或補注地區而滲漏進入含水層以致汙染了地下水。

2. 海水入侵：在海岸地區抽取大量的地下水，使得地下水位線降低，造成海水入侵線向上抬升的現象，如圖 5-7。

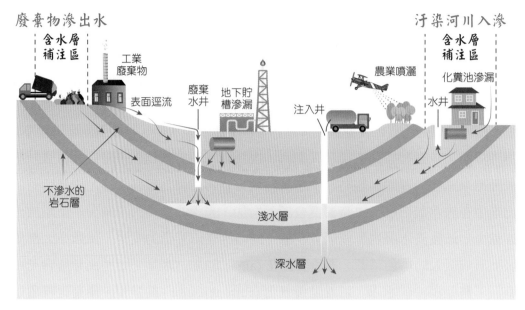

圖 5-6　地下水汙染的來源

3. 固體廢棄物滲出水之汙染：固體廢棄物於掩埋場經反應及分解後，再由於降雨或地面逕流接觸而形成滲出水，當滲入地下含水層就會汙染地下水；這時我們可在上游處建造抽水井來降低地下水位，以減少水體汙染的機會，如圖 5-7。

4. 農業汙染：將農業廢物、水肥、農藥、牲畜排泄物噴灑農田後滲入地下含水層中，造成汙染，其範圍甚廣。

5. 油汙染：地下輸油管或地下貯油槽出現裂縫，造成油料滲出，汙染含水層。

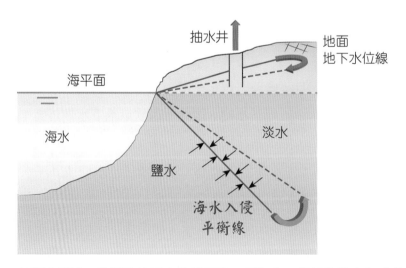

圖 5-7　地下水超抽，將導致地下水位線下降，及海水入侵平衡線向內陸移動。

6. 都市逕流：暴雨初期，地面汙染物之沖刷，此時地下入滲量也多，因而汙染物隨著入滲進入地下水中。

7. 汙染河川：受汙染之河川於枯水期時入滲地下水層，而使地下水遭受汙染。

❀ 5-1-4 水汙染之危害與防治

一、水汙染之危害

乾淨之水源可提供自來水源、灌溉水、養殖用水、工業用水及休憩用水等日常生活用途，一旦水質受到汙染，必會影響其正常用途，也會造成許多危害。

（一）環境衛生的危害

醫療衛生患者之排泄物常含有大量病菌，若流入水體中，常經由給水或水產物傳染給健康者；如 19 世紀中葉歐洲霍亂及傷寒病的大流行，即由水媒介產生。雖然目前自來水大多經過淨化消毒，霍亂、傷寒、痢疾等疾病已大大降低，但若汙染來源未減少或水處理不夠澈底，還是不能完全阻止疾病的蔓延，重大傳染病還是有可能捲土重來。

（二）水中生物的影響

工業廢水中常含有毒物質包括強酸、強鹼、氰化物及鉻、銅、汞等重金屬及放射性物質等，若廢水未經過處理，便直接排入水體，將使水體外觀濁黃烏黑，發出陣陣臭味，水中生態系統崩壞瓦解。魚類或其他水生物，均需有適當的溶氧才能生存；當水體遭受高濃度有機汙廢水汙染後，會消耗水體中的溶氧，造成水中生物的遷徙，甚至死亡。另外魚類在水中適合生存的 pH 值約在中性左右，若 pH 值太高或太低均會妨害魚類的生長。

（三）農業用水的影響

引用汙染水源來灌溉，所造成的損害，包括農作物的枯萎、減產、農作物之品質低劣、土質變劣而致農地廢耕、毒物累積危及人類、水利設施耗損並增加維護管理費用等。另外受工廠排放廢水汙染，而使得農地受重金屬如鎘 (Cd)、鉛 (lead, Pb) 等之汙染，以致於廢耕者層出不窮，若不幸所種農產品流入市面，將造成國人嚴重的食安問題。

（四）自來水水源的影響

當水源受工業廢水、都市汙水及養豬廢水等汙染後，輕者增加淨水場的操作成本，嚴重時自來水廠將放棄原來取水設施，並造成長時間的停水。另外，生物難分解物質包括農藥、重金屬及部分有機化合物（如戴奧辛、多氯聯苯）等，將長期蓄積在環境中，並可能藉由食物鏈進入水體汙染水源；另外，遭有機物汙染的水源，淨水過程若採用加氯消毒，易引起三氯甲烷致癌性物質，危害人體健康相當大。

（五）經濟上的損失

水體中的水利設施，若遭受酸性廢水之侵蝕，將造成財產上的損失；若此種汙染的水源，再作為冷卻水、自來水、或工業用水源，將會加速腐蝕水管、抽水機及其他設備，損失甚鉅。溫度高的廢水若排入河川中，將使河水溫度升高，一些須利用河水作為冷卻水之工廠，則必得自行鑿深井或者尋找其他水源，而使得操作成本增加。另外汙染之水體常會造成鄰近地區不動產的貶值，以及降低娛樂價值。其他各種與水有關的經濟、社會等活動也將因水的品質惡化受影響，而其經濟損失往往無法評估。

二、水汙染之防治

水汙染發生的歷程通常是漸進的，在還沒有發生嚴重的公害事件以前，水汙染早已慢慢的在傷害整個生態環境，因此，發生嚴重汙染之後，若要將汙染物去除回復原來的面貌，往往需要花很長的時間、人力及經費投注，而卻常常事倍功半。因此，防治水汙染首須從預防汙染物產生著手，其次為汙染的減廢，最後才是汙染整治。

預防方面須配合一套周延的法令與管制措施，以使民間防治及政府管理有所依循；例如針對工廠或事業廢水，除修訂不合時宜的法令規章外，亦應積極執行汙染排放許可、放流口申請設置、總量管制、汙染者付費、專責單位及人員設置等制度；針對汙染性工業，於設立或變更生產前，應嚴格審查其水汙染防治計畫，同時應要求其定期申報廢（汙）水處理情況。針對家庭汙水應規劃長期性汙水下水道計畫；針對畜牧廢水則應依其規模大小分級管制。同時配合劃定水資源保護區及水汙染防治區，規範區內行為，尤其禁止汙染負荷大的畜牧業及其他事業進駐。

（一）汙染源的減汙

應發展高科技低汙染的操作方法及原料，以降低汙染產生量，並盡可能做到資源回收工作。

（二）水處理與整治

應發展高效率的廢（汙）水處理設施，積極建設下水道系統（如圖 5-8）以及設立有害廢水集中處理中心等。

（三）水資源循環再利用

汙染水質經處理整治之後能夠規劃零排放目標，以達到水資源循環再利用。

（四）監測

在各承受水體應普設水質監測站，以適時反應水質惡化的軌跡，適時採取因應對策，以保護水體的生態環境及正常功能。

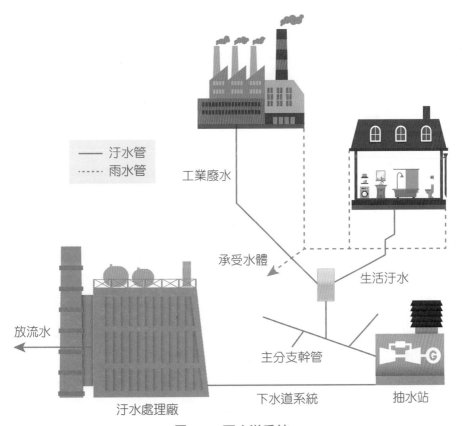

圖 5-8　下水道系統

5-2　空氣汙染與影響

　　即使是天空晴朗我們周圍的大氣也並非如表面所見的如此明淨；因為空氣中充滿了看不見的固體、液體和氣體等不同形態的汙染物質，如花粉、細菌、煙塵、水氣等。

　　早年時人類總是走路、用動物拉車來行動，後來有了自行車的發明，而後才有現代使用的機車、汽車、飛機、輪船等，以致使用了大量能源，再加上科技發達及工業發展，生產程序更加複雜。原料、半成品、成品在運送、貯存、生產及使用過程中排放到大氣中，其中有許多是自然能力很難分解或稀釋的化學物質。從 14 世紀初期至 20 世紀前期，煤煙汙染 (smoke pollution) 為空氣汙染之主體；如 1952 年冬天，英國倫敦發生煤煙霧災禍，造成數千人死亡，而特名為倫敦型煙霧 (smog)。自二次大戰後，世界各國使用石油化學系列產品，所排出氣體經光化學反應後形成另一類型的煙霧；如 1944 年夏天，美國洛杉磯盆地發生石油燃燒形成的光化學煙霧汙染 (photochemical smog pollution)，造成上千人死亡，而特名為洛杉磯型煙霧 (Los Angeles-type smog)。

5-2-1　空氣汙染來源

一、空氣汙染的定義

　　空氣汙染 (air pollution) 是指外來的因素，使乾淨空氣中含有汙染物質，改變原有的空氣組成；而世界衛生組織 (World Health Organization, WHO) 的定義為「空氣汙染是以人為的方法將汙染物質溢散到戶外空氣中，因為汙染物質的濃度及持續時間，使某一地區之大多數居民引起不適之感，或危害廣大地區之公共衛生以及妨害人類、動植物之生活，此種狀態稱為空氣汙染。」雖然大部分的空氣汙染來自人為因素，但是在真實空氣中，仍然含有天然的汙染物，如表 5-1 所示，不過濃度均不高。當外來汙染物質因量的增加、濃度的加深，以及持續的時間過久，使人類、動物、植物等之生命、財產受到威脅傷害，同時更因此種現象而使人類不能享受正常的生活，此種狀態亦稱為空氣汙染。

表 5-1 天然乾燥空氣的氣體組成與常見的汙染物

	氣體	濃度 ppm
「純」空氣	氮	780,900
	氧	209,400
	鈍氣（包含氬、氖、氦、氪、氙）	9,325
	二氧化碳	200~400
	甲烷 生物界碳循環的天然部分。	1.1~1.5
	氫	0.4~1.0
常見汙染物	氮氧化物 NO 和 NO_2 占多數，二者皆因陽光照射或閃電造成。	0.25~0.6
	一氧化碳 來自甲烷或其他天然來源的燃燒。	0.01~0.3
	臭氧 因陽光照射或閃電造成。	0.02

二、空氣汙染的來源

大氣空氣汙染的主要來源有二（如圖 5-9），一為自然汙染源，二為人為汙染源，包括交通運輸汙染源（移動汙染源）、工業汙染源（固定汙染源）及其他汙染源等。

（一）自然汙染源

一般由自然界產生的碳氫化合物遠多於人為產生的，其中尤以甲烷為最多，對地球溫室效應提供某種程度的貢獻。

1. 森林平時產生松烯 (terpene) 及火災時燃燒不完全會產生碳氫化合物、一氧化碳、氮的氧化物及灰燼等汙染物，如圖 5-9(a)。

2. 沼澤地區厭氧分解時產生甲烷、硫化氫等汙染物。

3. 動植物腐爛時產生含氮的汙染物如氨等。

4. 火山爆發產生許多微粒物及二氧化硫、硫化氫、甲烷等氣體汙染物。

（二）人為汙染源

在人為的空氣汙染物中，依其排放源之不同，可區分為「固定汙染源」及「移動汙染源」。

1. 工業汙染源：屬於固定汙染源 (stationary sources)，不因本身動力而改變位置的汙染源，如圖 5-9(b)。

2. 交通運輸汙染源：屬於移動汙染源 (mobile sources)，會因本身動力而改變位置的汙染源，主要為使用石化燃燒的各種交通工具，包括汽機車、火車、船舶、飛機等，排放的空氣汙染物有一氧化碳、二氧化碳、氮氧化物、碳氫化合物等，如圖 5-9(c)。臺灣地區車輛總數目雖比先進國家少，但臺灣地區機動車輛密度每平方公里已達約 378 輛（2017 年），是美國的 20 倍以上，法國的 5.5 倍，英國的 3 倍，日本的 2 倍。機動車輛的高度成長雖帶來了行的方便，但其排放的一氧化碳、碳氫化合物等占國內空氣汙染排放總量的五成以上，為國內空氣汙染主因，另外機動車輛的增加也加重噪音振動、交通擁擠的衝擊。

3. 其他汙染源：例如垃圾或野草雜物之露天燃燒；道路整治與施工之揚塵；家庭或餐廳之油煙排放等。

(a) 森林火災引發的空氣汙染　　(b) 固定性空氣汙染源　　(c) 移動性汙染源

圖 5-9　空氣汙染來源

🍀 5-2-2　空氣汙染之影響

一、空氣汙染對人體健康的影響

空氣汙染對人體健康的影響關鍵包括暴露的強度和持續的時間、年紀和健康狀況等；進入身體以鼻子吸入為最常見的途徑，但是也可以經由皮膚吸收或食物而引起病變。

我國為了保障人們健康及福祉，防止空氣汙染對環境產生不良的影響，行政院環境保護署於各地方普設環境空氣品質監測站，以了解空氣品質的時間變化，並計算出空氣品質指標 (Air Quality Index, AQI, AQI)，俾對異常現象採取因應對策。AQI 為對每日空氣品質提出準確、即時且簡單的汙染程度指示方法，以便有嚴重空氣汙染時，提醒民眾減少外出活動，以減輕空氣汙染的危害；空氣品質指標計算方式乃依據空氣品質監測站資料將當日空氣中臭氧 (O_3)、懸浮微粒 (PM)（particulate matter, PM_{10}，含細懸浮微粒 $PM_{2.5}$）、一氧化碳 (CO)、二氧化硫 (SO_2) 及二氧化氮 (NO_2) 濃度等數值，以其對人體健康的影響程度，分別換算出不同污染物之副指標值，再以當日各副指標之最大值為該測站當日之空氣品質指標 (AQI)。

空氣品質指標 (AQI) 係以 0~500 指示空氣汙染之程度，按數值的高低對健康可能造成不同程度的影響而被分為 6 級，如表 5-2 所示。

表 5-2　空氣品質指標 (AQI) 與健康影響

空氣品質指標 (AQI)	0～50	51～100	101～150	151～200	201～300	301～500
對健康影響與活動建議	良好	普通	對敏感族群不健康	對所有族群不健康	非常不健康	危害
	Good	Moderate	Unhealthy for Sensitive Groups	Unhealthy	Very Unhealthy	Hazardous
狀態色塊	綠	黃	橘	紅	紫	褐紅
人體健康影響	空氣品質為良好，污染程度低或無污染。	空氣品質普通；但對非常少數之極敏感族群產生輕微影響。	空氣污染物可能會對敏感族群的健康造成影響，但是對一般大眾的影響不明顯。	對所有人的健康開始產生影響，對於敏感族群可能產生較嚴重的健康影響。	健康警報：所有人都可能產生較嚴重的健康影響。	健康威脅達到緊急，所有人都可能受到影響。

以上 AQI 所用的空氣汙染物包含粒狀汙染物及氣狀汙染物，分別說明如下：

（一）粒狀汙染物

粒狀汙染物有複雜的成分與來源，其中煤炭燃燒為粒狀物主要來源，另外柴油車（公車）的黑煙亦是來源之一，其大小約自 0.005~100 微米不等，其中以可吸入懸浮粒子 (respirable suspended particulate, RSP) 對健康的影響較大：包含懸浮微粒 PM_{10}（直徑小於 10 微米粒子，不能被身體的防禦機制阻擋，可以直達肺部）、PM_5（直徑小於 5 微米粒子，可以穿透肺泡到達血液）及 $PM_{2.5}$（直徑小於 2.5 微米粒子，又稱細懸浮微粒，吸入後可沉積於血管壁上，已被世界衛生組織認定為一級致癌物）。檢視粒狀汙染物的成分中對人類身體有較大影響包括金屬及非金屬毒性汙染物，分別說明如下：

1. 金屬

   金屬元素中如銅、鋅、鐵、鈣、鍶、錳、鉬和鉻是人體生化反應所必需的元素，但是濃度太高仍會產生疾病；至於鎳、鎘、鋇、鋁、鉛、汞則不是體內的必要元素，少量就會影響身體健康。

2. 非金屬

   (1) 石綿 (asbestos)

   石綿的用途廣泛，如家庭用地磚、水泥管、石綿瓦、石綿合板、防熱、隔音等建材到螢幕和汽車剎車都有石綿產品，微細的粉粒，一旦吸入體內，則無法排出，經一、二十年的潛伏期後，可導致癌症、石綿肺等。

   (2) 放射性物質 (radioactive materials)

   放射性物質主要來自核能原料提煉、核能廢料處理和核彈試爆等，當附在大氣微粒上，就易於侵入人體內，引起細胞突變及癌症。

   (3) 其他

   懸浮微粒具有吸附能力，會吸附許多有機、無機或致病微生物等有害物質，當吸入人體後，使得這些有害物質的危害更為增強。

（二）氣狀汙染物

1. 一氧化碳 (carbon monoxide, CO)

   是無色、無臭、無味的氣體，主要來自車輛引擎及鍋爐不完全燃燒之廢氣，特別是汽機車停車惰轉狀態所排放的最多，是都市中主要空氣汙染來源。因一氧化碳

結合血液中血紅素的親和力是氧的 210 倍，一旦進入人體將取代氧和血紅素結合，如此就會影響人體中氧氣的正常供應，輕者頭痛、暈眩、噁心、流汗、全身痛，嚴重者導致死亡。

2. **硫氧化物**（sulfur oxides，包含 SO_2 及 SO_3，合稱為 SO_x）

主要由含硫燃料（如媒及石油）燃燒產生，通常以二氧化硫 (SO_2)、三氧化硫 (SO_3) 及硫酸 (H_2SO_4) 酸霧等形態存在。二氧化硫是無色有刺激性的氣體，對人體的作用主要以刺激呼吸系統為主，尤其是老人、幼兒或有心肺症者，會產生呼吸困難，氣管炎、肺炎等現象；亦會對眼睛產生影響，造成結膜炎，角膜壞死。三氧化硫與濕氣結合可形成硫酸，隨雨水降下，即形成酸雨。

3. **氮氧化物**（nitrogen oxide，包含 NO 及 NO_2，合稱為 NO_x）

氮氧化物主要來自高溫燃燒，尤其是 1,200°C 以上，排出之氮氧化物主要為一氧化氮 (NO) 及二氧化氮 (NO_2)。一氧化氮不易溶於水或身體組織中，故較不易造成健康上的危害，但經過日照的反應，會進一步形成毒性增加 4 倍的二氧化氮；二氧化氮是有刺激味的紅褐色氣體，容易對人體眼睛、鼻產生刺激，甚至造成肺充血、肺水腫、氣管炎、肺炎等。

4. **臭氧 (O_3) 及光化學物質**

臭氧 (Ozone, O_3) 係由汙染源排放出足夠濃度的碳氫化合物及氮氧化物，在日光充足的條件下，經光化學反應產生，具有刺激氣味的不穩定氣體。對人體健康的影響是使嘴、鼻、喉黏液膜乾燥、視覺靈敏度改變、頭痛、肺水腫、肺充血、肺功能改變等，另外，臭氧可和 SO_2 產生加成毒性，對人類危害更大。

5. **氣狀碳氫化合物 (C_xH_y) 及揮發性有機性化合物 (VOCs)**

一些碳氫化合物如多環芳香烴（poly aromatic hydrocarbons, PAH_S，具半揮發性）及揮發性有機化合物 (volatile organic compounds, VOC_S) 大多由不完全燃燒或加熱蒸發產生，常是引起肺癌的主要化合物。

二、空氣汙染對植物的影響

空氣汙染物對植物所引起的病症有：

（一）葉面影響

1. 壞疽病 (necrosis)

當植物時常曝露於高濃度的汙染物下，數小時或數天內即可使葉子變乾燥，且顏色從白色轉成紅色或黑褐色，此稱為壞疽病。

2. 萎黃病 (chlorosis)

當葉組織聚集過量的植物毒素而侵害葉綠素時，即使葉子變黃，但其組織並未壞死，此稱為萎黃病。

引起植物壞疽病或萎黃病的主要汙染物包括二氧化硫、二氧化氮及臭氧。

（二）根部影響

粒狀或氣狀空氣汙染物可能隨著乾沉降或濕沉降進入土壤中，而被植物根部吸收，將破壞植物生理系統，影響其發育與生長。

三、空氣汙染對物材與環境的影響

1. 對物質材料的破壞

酸性汙染物，常會造成金屬及建築材料的腐蝕、衣物及紙張的脆化等。例如二氧化硫、硫化氫與房子的鉛性油漆反應生成黑色的硫化鉛，破壞美觀。

2. 對環境的影響

空氣汙染會改變區域性或全球性的氣候，最顯著的影響如下：

(1) 降低能見度，影響交通安全

汙染物中的微粒大約介於 0.1~1μm 的粒子所引起的視覺干擾最為顯著；另外各種酸霧（光化學煙霧、煤煙霧）的產生亦是影響能見度的主要因素。

(2) 改變溫度及氣候

A. 全球暖化 (global warming)

含碳化石燃料燃燒及其他產業開發活動（如養牛隻），不僅消耗地球龐大的能源，也使得各種溫室氣體，如甲烷、二氧化碳、水汽、臭氧及氟氯碳化物等散布於地表對流層中，吸收地球輻射，而使地表溫度逐年上升中。有關全球暖化詳細產生的來由及對環境的影響，詳見本書第 4 章之敘述。

B. 都市氣候的改變

人類使用的氟氯碳化物會破壞同溫層中的臭氧，而使臭氧層越來越稀薄，造成紫外線曝露增加，引起人類皮膚病變及殺害海洋浮游生物，引起生態系統崩解（詳見第 4 章）。

(3) 天降酸雨引起土壤及水質酸化

有關酸雨 (acid rain) 產生的來由及對環境的影響，詳見本書第 4 章之敘述。

🍀 5-2-3　空氣汙染之防制

空氣汙染的防制策略，可以分成治本與治標兩方面：

一、治本

就是預防與積極控制各項汙染來源，藉由嚴格法令管制固定式或移動式汙染源的排放，並加強宣導空氣汙染防制的知識與教育。

二、治標

加強空氣汙染控制技術，也就是空氣汙染物排放至大氣之前，利用各種操作技術及硬體設備，使其濃度及總量降低；如此，汙染物排至大氣之後，縱使大氣無明顯的稀釋或擴散作用，其影響程度及範圍亦不至於擴大。

5-3 廢棄物之環境汙染與影響

每年的 4 月 22 日是「世界地球日 (Earth Day)」，作為全球最大的廢棄物進口國家，中國宣告 2018 年起將進一步規範固體廢物等「洋垃圾」進口，包括未經分類的紙張、塑料和其他幾十種可回收材料等，以防治環境污染。中國不再進口「洋垃圾」後，各國都開始為廢棄物出路與處理想盡了各種方法：歐盟表示，它正考慮徵收塑料使用稅；英國希望將其部分垃圾轉移到東南亞；美國則要求中國取消禁令。反觀國內，隨著經濟成長，國民購買力提高，許多人不再珍惜物資，習慣用過即丟，以

致臺灣地區每天製造兩萬噸生活垃圾 (garbage)，如果再加上事業廢棄物 (industrial waste)，臺灣地區每年製造垃圾量高達兩千萬噸。我國於 1997 年開始推行垃圾減量 (waste reduction) 及資源回收 (recycle) 迄今，垃圾成長已漸獲控制，目前（2021 年）平均每人每年約產生 22.2 公斤廚餘與 417 公斤的垃圾，全國垃圾妥善處理率已提升至 99.77%。雖然如此，因垃圾而起的抗爭及風波仍占所有公害糾紛的大多數。另外，由於全球化與電子資訊的發達，垃圾品質的複雜化比起過去有增無減，其中 3C 廢棄物具有數量龐大、流向難以控管的情形，而且這是跨國際的問題，並非單一國家和單一政策可以解決。2021 年全球電子廢棄物 (e-waste) 數量已高達 5,740 萬噸，相當於 100 萬輛 40 噸的大卡車，全部相連起來可來回一趟紐約和東京，值得世界各國訂定規範，共同研商解決。

🍀 5-3-1　廢棄物種類

廢棄物 (waste) 係指人類大量利用自然界天然資源，從事生產或消費活動，在過程中產生不能使用或不再利用而將丟棄之物質；按其形態而分，包括氣體、液體及固體廢棄物，然狹義而言，泛指固體廢棄物 (solid waste)，簡稱廢棄物。依照我國現行「廢棄物清理法」之定義，廢棄物依其來源可分為一般廢棄物 (general waste) 及事業廢棄物 (industrial waste)，如圖 5-10；一般廢棄物係指垃圾、糞尿、動物屍體或其他非事業機構所產生足以汙染環境衛生之固體或液體廢棄物；而事業廢棄物又依其性質可分為有害事業廢棄物 (hazardous industrial waste) 及一般事業廢棄物 (general industrial waste) 等，其中有害事業廢棄物係指由事業機構所產生具有毒性、危險性，其濃度或數量足以影響人體健康或汙染環境之廢棄物。但由核能發電廠或醫療研究單位產生之放射性廢棄物 (radioactive waste) 係由「原子能法」規範管理，不在「廢棄物清理法」的管轄之列。廢棄物分類的意涵就是訂定排棄者所需負擔的責任，同時可訂定不同的清理標準讓排棄者有所依循。

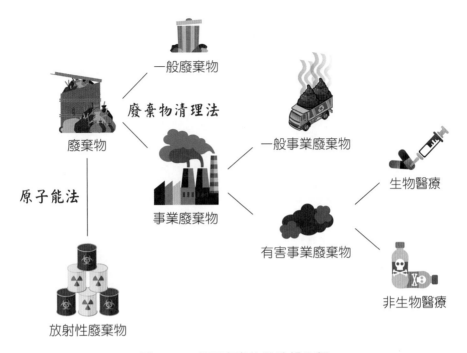

圖 5-10 我國廢棄物的法規分類

一、一般廢棄物

通常在有人居住或活動的地方，因生產及消費過程就一定會有廢棄物產生；而影響廢棄物產生的因素很多，諸如生活習慣、地理位置、都市型態、季節變化、廢棄物收集方式、資源回收、國民所得等皆會影響廢棄物產生的質與量。

目前國內所使用的物理分類方法將一般廢棄物分為 11 類：(1) 紙類，(2) 纖維布類，(3) 木竹稻草類，(4) 廚餘類，(5) 塑膠類，(6) 皮革橡膠類，(7) 金屬類，(8) 玻璃類 (9) 陶瓷類，(10) 石頭、5mm 以上砂土，(11) 其他類。其中 (1)~(6) 加上 (11) 類一般劃分為可燃性垃圾 (combustible rubbish)：指在普通焚化爐溫度 700~1,000°C 可以氧化分解的物質；(7)~(10) 類則為不可燃性垃圾 (Non-burnable garbage)。臺灣地區一般廢棄物物理組成之重量百分比如圖 5-11 所示。

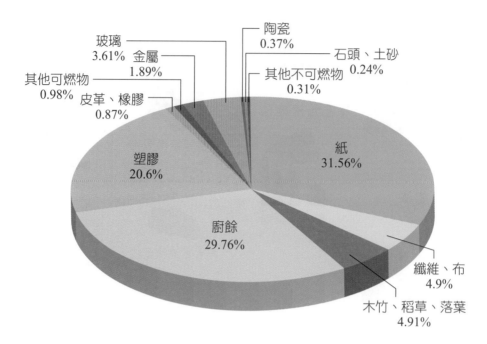

圖 5-11　臺灣地區一般廢棄物組成之重量百分比

二、一般廢棄物的分類

　　我國環境保護署於 2006 年 1 月 1 日起全面實施「垃圾強制分類」工作，要求民眾於廢棄物排出前，須分類為資源垃圾 (resources garbage)、廚餘及一般垃圾（非資源垃圾）等三大類，並搭配推動「垃圾不落地」措施，讓排棄者負起應盡的公民責任。經產源分類後的垃圾中，資源性垃圾清運後依分類送至回收機構及處理機構；廚餘分養豬及堆肥廚餘，送至養豬場或堆肥場再利用；巨大垃圾若可修復則送往修復廠，若無法修復則送往破碎廠進行破碎後做為燃料再利用，而非資源性垃圾送至焚化廠焚化，並利用燃燒產生的熱能進行汽電共生發電，提供地方政府財政來源，焚化後所產生之飛灰 (fly ash) 進行安定化處理，而底渣則作為瀝青混凝土添加料或其他方式進行再利用，如圖 5-12。

（一）資源垃圾

　　資源垃圾可分為下列四項：

1. 紙類：舊報紙、舊書、筆記本、廣告紙、硬紙箱等，可用繩子綁成十字型。

2. 塑膠類：寶特瓶、一般塑膠瓶製成之容器等，瓶類東西應先倒掉放入硬紙箱中。

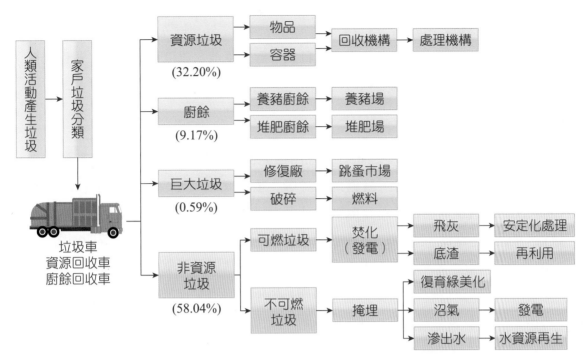

圖 5-12　我國推動垃圾分類與資源回收再利用情形

3. 金屬類：廢鐵、鋁（罐）製品等，金屬罐頭盡量壓縮貯存，以免傷及收集人員。

4. 玻璃類：各種顏色玻璃瓶，可先將綠色、褐色、透明色等予以分類並清洗之。

（二）非資源垃圾

　　非資源垃圾又分為可燃與不可燃垃圾，應避免不可燃物進入焚化爐，破壞爐體，影響正常運作。

1. 可燃垃圾：布類、天然纖維、果皮、竹木、稻草、廚餘。此類垃圾盡量不用塑膠袋，可改用堅固紙袋及硬紙箱貯存，其中廚餘垃圾應先將水分滴乾，食用油可先用布或報紙吸乾。

2. 不可燃垃圾：陶瓷、磚石、灰燼、砂土、花盆。此類垃圾應放入牢固的紙袋中。

（三）巨大垃圾

　　巨大垃圾 (huge garbage) 如家具、家電、樹幹等，可電話連繫地方政府載走處理。

（四）毒性垃圾

毒性垃圾 (toxic garbage) 如燈泡、日光燈管、電池、溫度計、農藥、殺蟲劑瓶罐及過期藥物，不可與一般垃圾混合貯存。

三、有害廢棄物

有害廢棄物 (hazardous wastes) 大都由事業機構產生，僅少部分由生活住家丟棄如廢電池、廢日光燈管、殺蟲劑瓶罐等。依據美國資源保護回收法 (Resource Conservation and Recovery Act, RCRA) 中對有害廢棄物之定義：固體廢棄物由於其特性（如數量、濃度、物理性、化學性及傳染性等）會導致死亡率、罹病等明顯增加，或因不當的貯存、運輸、處置及管理，以致對人類健康或環境生態造成明顯的傷害或只有潛伏性的威脅者，稱為有害廢棄物。另依我國廢棄物清理法第二條第二款第二項之規定：有害事業廢棄物係指由事業機構所產生具有毒性、危險性，其濃度或數量足以影響人體進度或汙染環境之廢棄物。

我國產生事業廢棄物每年約產生 1,200~2,000 萬公噸，雖然有害事業廢棄物僅占事業廢棄物之不足 1/10，但對環境品質的破壞性極大且持續長久，必須做好有害廢棄物的管理工作。據官方統計，臺灣在 2021 年的事業廢棄物產生量為 2,159 萬噸，較前一年高出 156 萬噸、成長率高達 7.77%，另還有高達 600 萬噸的暫存量待處理。

5-3-2 　廢棄物汙染之影響

隨著經濟及科技的進步，都市各種消耗資源活動的頻繁，以及消費產品的多樣化，使得都市的物質代謝發生巨大的變化和複雜化，不但增加廢棄物量，同時垃圾中不易被微生物分解的物質在增加中，造成處理上更大的問題。另外冰箱、洗衣機、電視機、汽車、資訊產品等不斷汰舊換新，出現了許多大型垃圾，增加清運與處理的困難。

另外一些特定的廢棄物常會造成意外事故，例如醫院、診所等醫院機構丟棄的針頭、針管、藥瓶等廢棄物，往往造成清潔人員受傷或感染；還有農家噴撒農藥後廢棄的農藥罐若棄於水邊，常毒死無數水中生物。所以，大量製造廢棄物實在是多重罪惡，在人口眾多，空間有限、資源貧乏的現實環境中，一方面是浪費寶貴資源，

增加處理的麻煩和占去可利用的空間,更產生汙染,破壞生態的平衡。如果我們再不設法減少垃圾量,恐怕有一天我們都不得不與垃圾為鄰了。

由垃圾車運走的廢棄物只是暫時離開我們的視野,這些廢棄物還需要花費龐大的人力、物力去處理,才不致於危害到我們的生存環境。事實上,垃圾中真正無用之物甚少,紙張、金屬、塑膠、玻璃等,無一不可以回收再生。因此在進行廢棄物處理之前先要把可利用的資源垃圾回收,就可減低後面垃圾處理的負擔,降低二次公害發生的機會。

以玻璃為例,現代食品以玻璃瓶包裝非常普遍,雖然回收玻璃容器須耗用搬運和清洗的費用,然而比起再耗原料、燒熔、再製的過程,所費的人力和對環境所造成的影響來說,還是小得多了。其他如飲料容器,大都以寶特瓶、鋁罐等來包裝,其數量極為龐大。煉鋁是極消耗能源的工業,而再製鋁只要原來 1/20 的能源;寶特瓶不易分解,體積又大,是垃圾中的惱人分子,應該建立合理的回收途徑,以減少垃圾量,增加物質的循環使用價值。另外如廢電池中含有毒的重金屬,棄於垃圾堆中,會導致環境汙染,若能回收利用,亦可降低對環境的危害。

廢棄物自產生源排出進入清運過程,也會造成跨區域的環境汙染問題,如沿途臭氣及廢氣排放、廢液溢出及不當丟棄等。關於垃圾處理,過去往往任意棄置於河川地上或水體中,不但汙染河川,更匯集汙染海洋,有時會阻礙水流,雨季時亦造成水災。老舊垃圾掩埋場,由於規劃設計不周,垃圾堆滲出的水會汙染地下水;垃圾發出的惡臭,隨著風飄散,汙染空氣;垃圾中的病原體會進入土壤中,汙染地面種植的蔬菜瓜果;大量的有機廢棄物還會因發酵產生易燃的甲烷,而造成火災。現代的衛生掩埋場,在正常管理的情況下,已經可以改善上述的缺點,不過垃圾大量的問題仍無法迅速解決,唯有再配合興建焚化廠或垃圾資源回收廠,才能妥善解決垃圾處理的問題。

焚化廠或垃圾資源回收廠是以焚化為主,若設計及操作管理不當,會造成空氣汙染,形成二次公害;理想焚化廠裝置有各式各樣的空氣汙染防制設備,可以確保焚化過程不造成二次公害。

總而言之,廢棄物清理過程中,不論貯存、清運、中間處理及最終處置等階段,如有運作不當時,仍會產生惡臭、噪音振動、病媒蟲害、水汙染、空氣汙染、土壤汙染及景觀破壞等情事,詳如圖 5-13 所示。

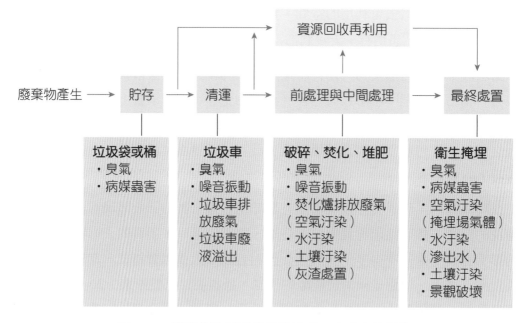

圖 5-13　廢棄物清理不當可能造成二次公害的影響

🍀 5-3-3　廢棄物之資源再利用與妥善處理

廢棄物之清理涵蓋減量 (reduction)、再利用 (reuse)、再循環 (recycling)、再生 (regeneration) 等四「R」減廢觀念及處理與處置 (treatment and disposal) 等技術。

廢棄物再利用 (waste reuse) 係為過多的垃圾量尋找另一條出路；根據環保署的統計，國內垃圾中約有 40~50% 是可回收再生的資源垃圾，若能在垃圾產生來源處確實回收再利用，就能直接減少大量垃圾，更可節省一筆龐大的垃圾處理費用。

廢棄物處理單元包含前處理、中間處理及最終處置。

較常用的廢棄物前處理單元有破碎、分選和壓縮等，此時可以回收部分有用的資源並減少廢棄物的生成。

較常用的中間處理單元有焚化、堆肥、固化等方法；焚化（如圖 5-14）與堆肥係針對廢棄物中有機物質轉化為安定物質的處理方法，而有害廢棄物須經固化隔離，同時採用安全掩埋做為最終處置，以減少其對環境品質的衝擊。

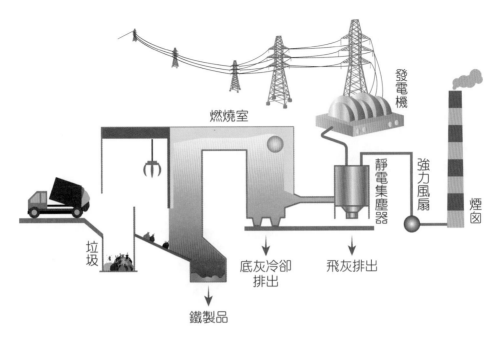

圖 5-14　廢棄物焚化處理系統（包含汽電共生）流程圖

　　較常用的最終處置方法有海洋棄置、安定掩埋、衛生掩埋及安全掩埋等。

　　海洋棄置過去稱為海拋，稍一不小心即對海洋環境與生態造成嚴重衝擊與影響，世界各國利用海洋棄置處理廢棄物已變得相當謹慎，我國對於可採用海洋棄置處理廢棄物的種類也有明文規範，必須是完全無害、安定且對海洋生態環境無不良影響的廢棄物，同時必須經過慎密的調查與申請才能核准；過去台電燃煤火力發電廠 (coal-fired power plants) 產生的煤灰常以海拋處置，煤灰經檢測不含有無害成分，但因微細煤灰顆粒可能影響海域生態，如今已完全禁止以海洋棄置作為最終處置的方法。

　　安定掩埋主要針對一般事業廢棄物作為最終處置方法，主要以覆土掩埋操作為主。

　　衛生掩埋（如圖 5-15）主要針對生活垃圾作為最終處置方法，主要以覆土掩埋、滲出水 (leachate) 處理及甲烷氣排除與收集等操作為主，因此，掩埋場底部與周邊須有不透水設施，以免影響地下水品質，覆土操作過程須能透氣以排除與收集甲烷氣。

　　安全掩埋主要針對經固化後的有害廢棄物作為最終處置方法，掩埋場底部與周邊須有比衛生掩埋場更多層的不透水設施。

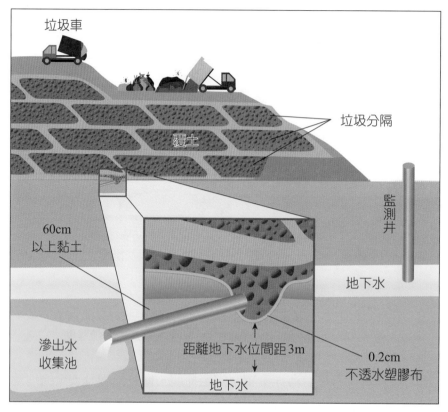

垃圾車

垃圾分隔

覆土

監測井

60cm
以上黏土

地下水

滲出水
收集池

距離地下水位間距3m

0.2cm
不透水塑膠布

地下水

圖 5-15　衛生掩埋場操作情形

5-4　土壤汙染與影響

　　國內第一起「鎘米事件」發生於 1982 年，當時桃園縣觀音鄉大潭村之高銀化工廠沒有妥善做好廢水處理，直接排入灌溉渠道中，以致附近農田受到廢水中重金屬鎘的汙染，而種出鎘米。緊接著彰化縣、臺中市、雲林縣及桃園市等均陸續傳出鎘米的問題。經環保單位調查鄰近地區之農地品質，發現稻田土壤中含鎘量平均達 378ppm，遠遠超過日本限值標準 1.0ppm 及我國訂定的限值 0.5ppm。鎘會影響人類肝腎功能，長期累積將造成骨質軟化、關節疼痛及骨骼變形，這「鎘米事件」澈底重創了我們賴以維生的土地，受汙染的面積高達 500 公頃左右，除了強制休耕之外，未來數十年將難以再從事任何生產活動。國外最知名的例子是 1950 年發生在日本富山縣的痛痛病，是世界上最早的鎘中毒事件。

　　土壤為地球表面最疏鬆的一層物質，如同陽光、空氣及水一樣，是地球中生命支持系統的一員，也是孕育下一代生命的重要場所；同時也提供陸地生物營養、棲息及保護場所、涵養地表水等多重的功能。從堅硬的岩石生成土壤的過程相當複雜，一般須歷經長時間的物理風化、化學反應以及生物作用等才能完成。土壤因具有吸附能力、化學氧化還原作用及土壤微生物分解作用，可緩衝外來汙染物所造成的危害，此為土壤的自淨能力；進入土壤的外來汙染物質，大部分經由水及空氣的傳送進入土壤，如果超過自淨作用的負荷即成為土壤汙染 (soil pollution)。

　　自古以來，人類生活即與土壤維持相當密切之關係，如人類所需的食物及纖維皆產自於土壤，另外一個國家的興亡及文化的盛衰亦與土壤關係密切，臺灣近幾十年來，由農業社會轉變為工業社會，人口增加迅速，伴隨而來空氣、水及土壤等三度空間汙染，而且互相牽扯作用，汙染問題更顯複雜、擴大與嚴重性。

🍀 5-4-1　土壤汙染的來源與指標

　　通常優良健康的土壤具有良好的物理、化學及生物特性，例如它可以過濾地表逕流 (runoff) 進入的雜物，稀釋及擴散進入土層的化學物質，為數眾多的微生物可以分解有機物產生腐植質 (humus) 並提供植物養分，更可提供動植物生長棲息的空間、保持涵養水分等。然而當人類的生產活動及開發行為，有意無意的在土壤的生態體系裡，排入物質、生物或能量，而改變土壤的性質，使原有功能破壞，降低或失去利用價值，即為土壤汙染。根據我國環境保護署的歷年統計資料，臺灣地區因廢汙水導致之土壤汙染約占 80%，因空氣汙染物降落造成之土壤汙染約占 13%，其餘為一般廢棄物、有害廢棄物、農藥、肥料、酸雨 (acid rain) 等之汙染，對土壤均造成衝擊。

　　綜合以上所述，歸類土壤汙染的來源與影響路徑，如圖 5-16 所示，可概略分為下列四項：

1. 工業廢水及家庭汙水：工業廢水及家庭汙水中含有許多汙染物，直接排放於土地上而汙染土地者情況較少；通常是廢汙水排入河川及灌溉水渠道中，再被引進農地做為灌溉之用而汙染土壤者較多。

(a) 來源

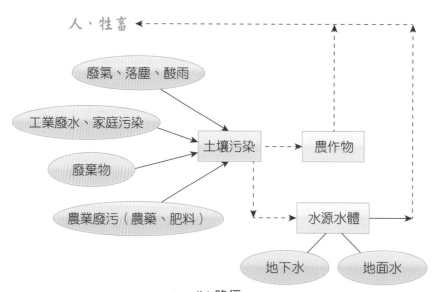

(b) 路徑

圖 5-16　土壤汙染來源與影響路徑

2. 農業廢汙：大量農畜的排泄物是目前土壤汙染的重要原因之一。這些牲畜的排泄物中含有高濃度的氮、有機物及鹽分，部分也含高量的銅和鋅，當這些水汙染物質進入農地之後，會使得作物的生長或其品質受到嚴重的影響。此外，長期施用大量農藥及化學肥料而不做適當的土壤改良工作，也會造成土壤缺少有機物及過高鹽分（土壤鹽化，soil salinization），影響農業生產。

3. 廢氣排放：工廠及汽機車排放的廢氣也是土壤汙染的來源之一。工廠廢氣中的汙染成分中的總懸浮微粒，極易降落於鄰近的地面，超量時會使土壤造成缺氧現象，並降低土壤對水及空氣的通透性，使作物生長受阻；另外，空氣汙染物酸性物質造成的酸雨亦會形成土壤酸化 (soil acidification) 的問題（見第 4 章），導致土壤中礦物質流失，植物無法獲得充足的養分，將枯萎、死亡，影響作物之生長。

4. 廢棄物：廢棄物或廢化學性汙泥所造成的土壤汙染相對於由水及空氣而來的汙染更為嚴重；許多土地上因堆積或掩埋廢棄物如重金屬廢棄物，使植物無法生長，同時廢棄物滲出的有害物質也會進入土壤造成土壤的汙染。

🍀 5-4-2 土壤汙染的影響

當土壤遭受汙染，不僅土壤品質惡化，附著在土壤的作物及食用作物的生物亦會受波及，甚至影響到地下水源，威脅到飲用水的安全。而土壤汙染來源及物質有很多，其影響大致如下：

一、影響土壤性質與功能

1. 排入土壤中的重金屬會殺害土壤中微生物，降低土壤的自淨能力。

2. 高濃度有機廢水，一旦進入土壤，一兩天內土壤氧氣就被消耗殆盡，植物根部因缺氧而容易枯死，如食品、酵母製造工廠的廢水及豬糞尿廢水均屬之。

3. 化學肥料大部分為無機鹽類，使用過量會造成土壤酸化，另外酸雨亦會使土壤酸化；當酸性土壤產生後，許多細菌的活動會受到阻礙而影響植物生長；同時土壤 pH 低時，鋁、鐵、錳、磷、銅等元素的溶解度很大，可能導致作物遭受其毒害。

二、影響土壤中的作物

1. 鹽分地若施用過多含氮肥料，將導致重金屬有效性增加，危害作物的生長。

2. 含有極高的懸浮固體廢水，會使土壤造成缺氧現象，並降低土壤對水及空氣的通透性，使作物生長受阻，如鋼鐵、砂石、煤礦廠廢水均屬之。

3. 使用被汙染的水灌溉，會增加土壤中有機質和鉀，有效性磷及 pH 值降低，含氮量大增，使稻作徒長、倒伏、結實不佳，並容易引來病蟲害。

4. 有些廢水如：塑膠、石化、紙廠、電鍍、染整、製革、食品、肥料等工廠的廢水，排入土壤中會增高農田的水溶性鹽分如氯化鈉，影響作物生長。

5. 以豬糞尿作為肥料，若施肥過量會導致土壤的 pH 值及導電度增高，而使作物產量降低。

三、影響人類及動物

1. 工業廢水中所含的砷、鉻、汞、鎳、鉛、鎘等金屬沉積在土壤中可被植物（農作物）吸收，如具有生物累積作用 (bioaccumulation)，經食物鏈 (food chain) 進入人體，累積到一定限量後，就會產生中毒現象。

2. 流進土壤中的農藥及環境不易分解的殺蟲劑（有些含重金屬），經由食物鏈的生物累積作用，進入人體、畜產及野生動物體，造成疾病等不良的影響。

3. 土壤接受了劇毒性物質如化學工業廢棄物如多氯聯苯 (polychlorinated biphenyls, PCBs)、戴奧辛 (dioxins)，將危害人類及其他生物。

4. 腸胃道傳染病，寄生蟲病（如蛔蟲、鉤蟲等）、結核病等病原菌 (pathogens) 及病毒隨家庭汙水、糞便等進入土壤後，人們在接觸土壤、生吃蔬果便可能受到感染。

四、影響地下水及地面水品質

　　土壤中汙染物經雨水瀝洗或重力傳輸會影響到地下水或地面水的水質，間接可能造成飲用水的汙染（見水汙染）。

5-4-3 土壤汙染之防治

　　土壤汙染防治工作可分為事前預防以及事後整治兩方面，然而事後整治縱使花費數倍經費及時間，效果往往非常有限，因此，有效的方法應從事前預防著手，亦即「消除汙染於汙染源」。土壤汙染與空氣汙染、水汙染、固體廢棄物處理不當等關係相當密切。因此，有效的預防方法，必須兼顧水汙染及空氣汙染等防治工作，同時做好廢棄物的處理及處置，即可大量減少土壤受汙染的機會。若土壤已受汙染，在整治方面應使土壤中的汙染物不活化，避免轉進作物及人體中，積極進行汙染土壤作物的檢驗及回收等工作；此外，全面調查土壤受害面積、廣設土壤品質監測站、劃定土壤汙染管制區域及防治科技研究等相配合，才能竟其功。

 註 解

1. 祛氧作用：為消耗水中溶氧的現象，主要影響因子有生物分解作用、生物呼吸作用及部分化學作用。
2. 再曝氣作用：為增加水中溶氧現象，主要影響因子有水面擾動，使大氣中氧氣溶入水中，以及水中植物行光合作用釋放氧氣。

習題與討論　EXERCISE

一、選擇題

(　)1. 下列何者屬於物理性水質指標？ 　 (A) 色度 　 (B) 重金屬 　 (C) 溶氧 　 (D) COD。

(　)2. 下列何者是引起水庫湖泊優養現象的二種主要物質？ 　 (A) 氮及 COD 　 (B) BOD 及 COD 　 (C) 氮及磷 　 (D) 鐵及錳。

(　)3. 下列何種氮化合物被檢驗出較多時，表示河川受一段較長時間的汙染？ 　 (A) 有機氮 　 (B) 氨氮 　 (C) 亞硝酸氮 　 (D) 硝酸氮。

(　)4. 汙染物進入河川承受水體後，以時間為橫軸，溶氧為縱軸，所劃出的曲線為 　 (A) 再曝氣曲線 　 (B) 袪氧曲線 　 (C) 氧垂曲線 　 (D) 汙染曲線。

(　)5. 下列何者屬於氣狀空氣汙染物？ 　 (A) 酸霧 　 (B)CO 　 (C)TSP 　 (D) 油煙。

(　)6. 下列何者屬於粒狀汙染物？ 　 (A) 油煙 　 (B)CO 　 (C) 氮氧化物 　 (D) 戴奧辛。

(　)7. 何種物質排放會引發溫室效應，導致全球氣候變遷加劇？ 　 (A) 含硫氣體 　 (B) 含碳氣體 　 (C) 含磷氣體 　 (D) 惰性氣體。

(　)8. 可以穿透肺泡到達血液的懸浮微粒大小為小於 　 (A)5 微米 　 (B)10 微米 　 (C)100 微米 　 (D)20 微米。

(　)9. 根據廢棄物處理法規定，廢棄物可分為 　 (A) 一般廢棄物、事業廢棄物 　 (B) 有害廢棄物、無害廢棄物 　 (C) 可燃廢棄物、不可燃廢棄物 　 (D) 普通廢棄物、特殊廢棄物。

(　)10. 土壤汙染來源不包括下列何者？ 　 (A) 農藥及化學肥料 　 (B) 家庭及工業廢水 　 (C) 廢棄物 　 (D) 臭氧及氟氯碳化物。

二、問答題

1. 決定空氣品質指標 (AQI) 有哪些汙染物？

2. 水汙染的危害有哪些？

3. 根據我國廢棄物清理法，廢棄物之分類為何？

4. 請說明土壤汙染的來源、種類及其影響。

5. 請說明土壤汙染的過程與步驟。

參考資料
REFERENCES

1. 公民營廢棄物清除機構專業技術人員訓練教材，行政院環境保護署訓練所。

2. 中華民國環境工程學會，環境工程概論。

3. 李孫榮、田博元、汪中文、黃政賢等，環境與生活，新文京出版社。

4. 李公哲，環境工程，國立編譯館主編，茂昌圖書有限公司發行。

5. 林健三，環境保護概論，鼎戊圖書出版公司。

6. 張錦松、黃政賢、陳世雄、劉瑞美、賴振立、洪睦雅，環境工程學，高立圖書公司。

7. 曾昭衡，曾廣銓，環境工程概論，高立圖書公司。

8. 黃政賢，汙水工程，高立圖書公司。

9. 楊肇政，汙染防治，高立圖書公司。

10. 歐陽嶠暉，下水道工程學，長松出版社。

11. 謝錦松，環境衛生實務，淑馨出版社。

12. 謝錦松、黃正義，固體廢棄物處理，淑馨出版社。

Environment *and* Life

臺灣的環境問題

06

民國 85 年莫拉克颱風帶來土石流，淹滅太麻里並造成太麻里滅村，一夜強風勁雨，導致太麻里溪潰堤，造成人民生命財產的嚴重損失，其原因在於土地利用不當土石流所導致。

　　保護環境及管理自然資源是經濟與社會發展的重要基礎；也就是說唯有確保環境系統的永續，人類社經活動才能持續不墜。

　　2002 聯合國在南非約翰尼斯堡召開永續發展高峰會議中所宣示的議題中，「生態永續經營」的議題在國際上普遍討論時，身處在美麗寶島的我們，應思考臺灣的「生態永續的問題」。為何需要生態永續的環境？生態環境與我們的生活有何關連性？臺灣自然生態環境蘊藏的無限生機，自古以來臺灣早已被荷蘭人讚嘆為「福爾摩沙」美麗之島；當此精緻複雜而脆弱的自然生態環境，一旦湧入大量人口，與過度的消耗和開發，危機自然隱然而生，臺灣環境問題的議題，已成為我們在地住民應關切的重要課題。

6-1　臺灣的環境現況

　　臺灣全島總面積約為 36,188 平方公里。臺灣本島東西狹而南北長，南北長 394 公里，地勢東高西低。位於亞洲大陸東南沿海、太平洋西岸的臺灣，介於日本和菲律賓之間，正居於東亞島弧之中央位置，是亞太地區海、空運交通要道。

6-1-1　臺灣之先天環境

一、地理環境

　　臺灣全島約有 2/3 的面積分布著高山林地，其他部分則由丘陵、平台高地、海岸平原及盆地所構成，主要山脈皆為南北走向，其中又尤以中央山脈由北到南縱貫全島，是臺灣東、西部河川的分水嶺，為臺灣主要山脈；其西側的玉山山脈，主峰接近約 4,000 公尺，為東北亞第一高峰。

　　臺灣位於歐亞大陸板塊與菲律賓海板塊之間，地殼變動與造山運動發達，導致地形多樣且複雜，其主要有山地、丘陵、盆地、平原、台地等五大地形。因地處板塊交會，使臺灣位於環太平洋的火山地震帶，有若干火山地形。目前除大屯火山群及龜山島外，本島尚無明顯活躍的火山活動。臺灣面積雖然很小，但中部和東部都有叢山峻嶺，高度在 500 公尺以上的山地、丘陵和台地約占總面積的 46%，而南北縱走的中央山脈、雪山山脈和玉山山脈，都是高度在 3,000 公尺以上的山岳地帶；在西部尚有高度約在 1、2 千公尺之間的阿里山山脈，更特別的是臺灣有 268 座海拔超過 3,000 公尺以上高峰，是全世界高山密度最高的島嶼。

二、水文環境

　　臺灣河川密布，由於最大分水嶺中央山脈分布位置偏東，使主要的河川大多分布在西半部，多數河川在夏季時洪水滾滾，由於地勢陡峭，河川在降雨後，便急速流入海洋，無法有效蓄水；在冬季只剩下河床上礫石粒粒，呈現乾涸現象。

　　臺灣河川以長度排列，依序為濁水溪、高屏溪、淡水河、曾文溪、大甲溪、烏溪、秀姑巒溪，長度皆超過 100 公里，如圖 6-1。以臺灣最長的濁水溪為例，全長約 187 公里而坡度則達四十六分之一，流域面積為 3,155 平方公里。枯水期水量小，常成為野溪。在豐水時期則洪峰流量十分龐大，經常出現每秒 10,000 立方公尺以上之洪水量。

三、氣候

　　臺灣為海島型氣候，屬副熱帶（或稱亞熱帶）的氣候，以通過嘉義的北回歸線為界，劃分臺灣南北為兩個氣候區，以北為副熱帶季風氣候，以南為熱帶季風氣候。臺灣亦受暖濕氣流和洋流之影響，因此也屬於海洋性氣候，但因為距離大陸很近，而且天氣系統大都是從西邊向東邊移動，所以臺灣亦受到大陸性氣候的影響。臺灣氣候的特徵有下列幾點：

1. 夏季一般吹西南風，冬季吹東北風。
2. 冬季溫暖，溫度山地低於平地、南部高於北部；夏季炎熱，除山地外，其餘均溫約為 20℃ 以上。臺灣全年平均溫度約為 22℃，平均最低溫不過 12~17℃，冬季僅有少數迎風面的高山地區在大陸冷氣團的侵襲下，會降下皚皚的白雪。

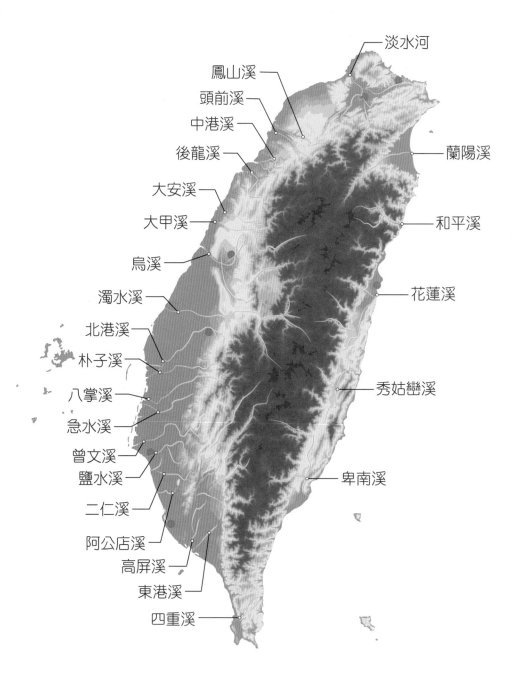

圖 6-1　臺灣主要河川分布圖（圖中紅點為都市所在）

3. 雨量分布以山地多於平地、東岸多於西岸、北部多於南部。

4. 5~6 月為梅雨季[1]，6~9 月為颱風季，3~7 月常有雷雨出現，而冬季有大陸冷氣團與寒流侵襲。

5. 東半部地區因地形之緣故，常有焚風[2]，而南部恆春地區因地形之故，在 11 月至次年 3 月常有落山風出現[3]。

四、地質環境

　　臺灣板塊運動可追溯至約 6 百萬年前，原來屬於呂宋系統的海岸山脈，隨著菲律賓海板塊向北移動（逐漸隱沒到琉球弧溝系統下），以約 45 度方向斜向中國大陸東南邊緣之斜坡，將此原有之地殼物質抬高成山。造山運動稱之為蓬萊運動，迄今仍持續進行中。臺灣地質是由六種不同地質所組成[4]，各地質單位間，都有界線斷層經過，隨時都有可能活動，引發地震。

五、海洋與海岸環境

　　臺灣位於全球最大陸地（歐亞大陸）與最大洋（太平洋）的交會區，在緯度上則處於熱帶與亞熱帶交界，海洋環境受到黑潮、南海和東海水團的影響，冷暖水團在臺灣海域交會，且呈現明顯的季節性變動。臺灣的海岸線長達 1,500 餘公里，西部及北部是坡度平緩而水淺的大陸棚，並形成的濕地生態系與河口區，包括河口灣、紅樹林、草澤、泥灘、潟湖、海草床等；東部海岸則大多是陡峭的岩礁，離岸不遠處即達水深數千公尺的深海；南部恆春半島是珊瑚礁海岸，擁有發達的珊瑚礁。大洋和底棲環境的多樣化，使得臺灣海域擁有各種型式的海洋生態系統。

　　臺灣的竹圍是地球上紅樹林（水筆仔純林）分布的最北界，恆春半島南端也是地球上珊瑚礁分布的北方次極限，而最北端的富貴角、麟山鼻、石門等北面海岸是由大屯火山熔岩流與海水相接觸冷卻後所形成岬角海岸，提供海洋生物堅硬的安山岩底質。

六、自然資源

（一）陸地生態與森林資源

　　臺灣因地理位置與特殊的地質環境，不僅孕育著冰河時期孑遺的高緯度動植物，也受海洋的影響，形成全球罕見的臺灣亞熱帶生態奇蹟；截至 2023 年已在臺灣物種名錄所登錄的物種已高達 64,906 種（含水生生物），其中屬於臺灣特有種的比率為：哺乳類 64%、鳥類 13%、爬蟲類 18%、兩棲類 25%、植物 26%，而某些昆蟲甚至高達 62.5%。由於臺灣的「特有種」比率特高，所以不論在研究、教育、保育或利用上，都具極高的價值，也都是珍貴的自然資源。臺灣沿岸由於泥質灘地及紅樹林生長，吸引來自各地的候鳥群，成為候鳥過境棲息的庇護所；有在春夏之際由熱帶地區到臺灣來避暑的夏候鳥，如羽色豔麗漂亮的八色鳥；也有秋季時由寒溫帶南下到臺灣避寒的冬候鳥，如黑面琵鷺，每年都會來到臺灣曾文溪口沼澤地度冬，以及在 10 月過境的灰面鵟等。

　　臺灣自然生態保護區是以自然保育為目的所規劃之保護區，可區分為「國家公園」、「自然保留區」、「野生動物保護區及野生動物重要棲息環境」、「國有林自然保護區」等四類型。目前國家公園有 9 座，其中最新的國家公園為澎湖南方四島國家公園。

　　臺灣的森林覆蓋面積曾占全島土地面積的三分之二，目前臺灣森林資源面積共計 210 萬公頃，占陸地面積約 58.5%；林木種類將近 4,000 多種。其中 20% 約 42 萬餘公頃為人工造林地，7% 屬於竹林林相，其餘 73% 屬天然林，約 152 萬公頃。除林木本身的經濟價值外，對於國土保安、水源涵養、育樂遊憩以及生物多樣性的維護，均扮演重要角色，因此森林資源的調查與掌握莫不為世界各國所重視（圖 6-2）。

圖 6-2　臺灣的森林分布

（二）礦物資源

　　臺灣目前發現的礦產資源約有 110 多種，具實際開發價值約 20 多種，其中部分有價值的礦藏經長期開採，儲量大幅減少，大多已經枯竭。臺灣礦產資源可分為能源、金屬和非金屬三大類。金屬礦藏種類相對較多，但儲量不多。較有開發價值的金屬礦藏主要有金、銀、銅、鐵等，另外還有錳、鈦、鋯、汞、鎳與鉻等礦藏。金

礦是臺灣最重要的金屬礦藏，目前的儲量約 580 萬噸，多為金與銀或銅的共生礦。銅礦儲量也較豐，約為 470 萬噸。鐵礦較貧乏，總儲量約 200 萬噸。其他金屬礦藏儲量更少，目前所需主要靠大量進口。

能源礦產主要有煤炭、石油、天然氣及地熱等。其中煤的開發利用較早，目前已逐漸枯竭，儲量僅約 1 億噸，年產量不足 10 萬噸。石油和天然氣是臺灣較重要的能源礦藏，目前石油和天然氣地質勘探面積僅為 500 平方公里，而石油儲量為 3 億多公升，天然氣儲量約 107 億立方公尺，主要分布在中央山脈西部及臺灣海峽。地熱資源相對豐富，已發現的溫泉多達 90 處，其中較具經濟開發價值的十多處，主要分布在北部大屯山火山群地區。

（三）海洋資源

臺灣面積雖小，卻擁有異常豐富的海洋生物資源，其中海洋生物的種類高達全球物種的十分之一。同時四面環海與洋流交會，不同的洋流帶來不同的營養鹽、不同的生物，在不同的季節呈現海洋生物資源的多樣性。臺灣東、南部及小琉球等離島主要受到溫暖黑潮北上的影響，與北部及澎湖在冬季時受較冷的大陸閩浙沿岸冷水流南下影響，造成臺灣南北海域海洋生物的物種也有明顯的南北差異。同時臺灣也正在東海、南海及黑潮流系三大生態系之交會處，差異性的水團產生之生態交會帶效應，造就臺灣周圍海域基礎生產力豐富，是魚貝介類良好的繁殖、棲息場所，底棲、上中層洄游性魚類及貝介類均甚豐富，形成良好漁場。

其中黑潮流域的海洋生物資源仍相當豐富，許多魚類，包括飛魚、鬼頭刀、翻車魚、鯨鯊、鰹、旗魚、鮪魚等，隨著黑潮進入臺灣海域，顯示臺灣海域漁產的豐富性。

臺灣的海洋生物種類共有海藻 500 種以上，螺、貝、章魚、烏賊等軟體動物約 2,500~3,000 種，螃蟹約 300 種，蝦類約 270 種，而魚類有 2,600 種以上，占全世界海洋魚類所有種數的十分之一。其中，海水魚約有 2,500 種，淡水魚約有 230 種（80 餘種是純淡水魚，另 140 餘種是生活在河海交接處的河口地帶與受海水漲退潮影響的河段）。臺灣可說是世界上魚類的寶庫。由於臺灣豐富多樣的海洋資源，也造就臺灣發展漁業的優勢條件，使得漁業成為臺灣重要的產業。

🍀 6-1-2　居住環境與與社會發展

一、居住環境之變遷

　　臺灣行政區域從日本殖民地時期迄今，經過 8 次國土行政區域的調整[5]。現行的縣市區域，是於臺灣光復後約 1950 年劃分完成的，歷經半個世紀，無經過大幅的更動。臺灣現行的行政區劃，根據《中華民國憲法增修條文》及《地方制度法》規定，共有 7 個直轄行政區，包括 1 個臺灣省（已虛級化）與新六都（包括臺北市、新北市、臺中市、臺南市、高雄市與桃園市）。另臺灣省下轄二級的 11 個縣以及 3 個市。2014 年行政轄區範圍為：

1. 新六都（直轄市）：臺北市、桃園市、新北市、臺中市、臺南市、高雄市。

2. 11 縣（省轄縣）：新竹縣、苗栗縣、彰化縣、南投縣、雲林縣、嘉義縣、屏東縣、臺東縣、花蓮縣、宜蘭縣、澎湖縣。

3. 3 市（省轄市）：基隆市、新竹市、嘉義市。

4. 外島：福建省金門縣與福建省連江縣（馬祖）。

二、人口時空轉變

　　臺灣地區人口數在 20 世紀後半期是逐年增加，但近年來人口數增加趨緩，1992 年開始人口成長率皆低於 1%，2018 年人口成長率為 0.03%，並於 2020 年開始出現人口負成長（出生率少於死亡率，見圖 6-3）並衍生少子化的問題；不僅如此，臺灣也已邁入高齡社會（老年人口比重超過 14%）以及即將面臨的超高齡社會（老年人口比重超過 20%），此少子化及人口老化的現象，將對臺灣社會產生嚴重衝擊。人口總量變化的結果對國土容受力，不在人口成長所造成的壓力，反而在人口年齡結構變化、人口減少以及人口空間分布變化對環境容受力的影響。

　　臺灣人口密度呈現逐年增加，近年來較為已無明顯之顯著成長，在 1971 年臺灣人口密度為每平方公里 417 人，2017 年則為每平方公里 651 人，但到 2023 年時，已降至 646 人，此也反映人口負成長的結果。

　　但若就近十五年之人口密度分布趨勢顯示人口逐漸往大都會區（包括：臺北基隆、高雄、臺中彰化、中壢桃園與臺南大都會區）集中，都會化現象明顯。2017 年時我國都市人口比例已達 79.8%。

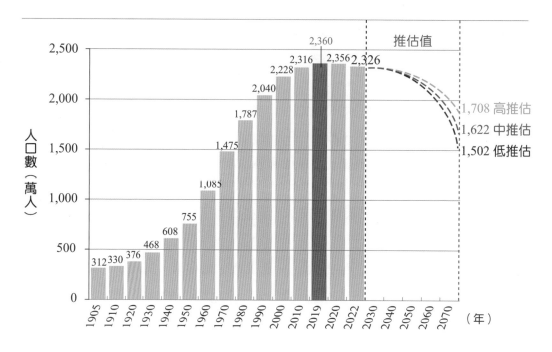

圖 6-3　臺灣地區人口成長趨勢預測

　　北部區域以臺北市為主，並逐漸與桃園及新竹地區連結成都會帶，是變化最為顯著的區域；中部區域則以臺中市為主，至彰化市一帶亦有較高的人口密度；南部區域則為臺南與高雄為主的都會帶。另外，鄉村區域人口密度逐漸降低，顯示城鄉人口密度差距繼續擴大的趨勢，此為人口密集都市化之效應。而人口向大都會遷移趨勢，造成臺北市每平方公里有 9,220 人，為密度最高者。另由於臺灣在 70 年代的產業升級後，工業發展的快速，經濟的發展下對臺灣的環境造成許多的問題。

三、經濟成長

　　依據主計處 2022 年之統計，國內生產毛額由 2012 年的 146,778 億元到 2021 成長為 217,106 億元，呈現穩定的發展趨勢。但臺灣的產業結構在近 20 年也有明顯的變化，以各級產業人數比例而言，可看出一級產業（農林漁牧業）逐漸減少（2013 年的 5.0% 減少 2022 年至 4.6%），而二級產業（工業）也有遞減現樣（2013 年的 36.2% 減少 2022 年至 35.4%），僅三級產業（服務業）有逐漸成長的趨勢（2013 年的 58.9% 到 2022 年至 60.0%）。

6-2　臺灣的環境問題

　　齊柏林的看見臺灣 (Beyond Beauty - Taiwan from above) 敘說著：「我們看見臺灣是如此美麗，高山、海洋、湖泊、河流、森林、稻田、魚塭、城市等景觀，但環境面對人們無知的開發而造成的改變、破壞和傷害。我們了解在先天脆弱、後天失調的臺灣環境土地上，累積了一道道的疤痕、海洋沉澱了一層層的汙染。」

　　在 1992 年聯合國環境署所召開地球高峰會議發表的 21 世紀議程之「島嶼永續發展」中，特別指出海島的海洋隔絕性、資源有限性、易有天然災害性（如：地震、颱風、海嘯等），並同時易因全球氣候暖化導致海水上升，進而影響海岸居民安全等困境，更指出「島嶼是環境與發展之特案」，需積極加強國際及區域之合作，以面對共同的挑戰。臺灣屬四面環海之海島，是由本島及大約 121 個小型島嶼所組成。因海洋環繞與土地資源有限，發展上有海島的侷限性，其環境體質相對脆弱。但美麗的寶島，歷經前人 400 多年的篳路藍縷，成為全球矚目的科技島，展現令人傲視全球的經濟奇蹟。

　　在「921 地震」造成臺灣地區全境之重創，鄰近車籠埔斷層附近死傷慘重；以及接連幾場颱風豪雨，造成嚴重坍方和土石流，更凸顯臺灣環境問題的嚴重性，以及環境的脆弱、大自然反撲的現象。

　　臺灣環境的問題，除天然特性所造成之災害，更由於土地資源利用的人為不當，使得臺灣環境顯得處處脆弱。每逢颱風、豪大雨後所引起的崩塌與土石流，以及地震後所形成的走山、滅村，皆與「人為過當開發」有關。同時因天然災害所遭受到的財物損失不可計數，呈現出臺灣環境問題似乎與土和水有關。有鑑於此，必須了解臺灣環境的問題，唯有從國土規劃的問題開始探究，並且全盤了解，方能進一步保護我們共同生存的空間。

🍀 6-2-1　國土規劃問題

一、國土空間發展面臨之課題

臺灣地區當前的土地使用規劃，僅約 4% 是工商業與住宅用地，由於實際可用土地面積不大，加上政策與法令制度的規定又缺乏彈性，造成地價不合理的現象。且因開發不當以及部分環境敏感地區，導致環境品質惡化，自然生態失去平衡。農地使用受制，而農地變更使用後所得利益，未能回饋大眾，引起社會問題。長期來，臺北、高雄兩大都會區，過度集中發展，造成環境品質惡化，城鄉差距日益擴大。

二、社經發展之影響

（一）人口都市化

由於人口太過密集，活動時產生大量的廢氣、廢水、廢棄物、噪音等，降低生活品質。臺灣都市化的現象，有越來越明顯的發展趨勢，可從人口流動的動能看出，依據主計處 2016 年發布的國內遷徙調查統計結果，臺灣將近一半的人口集中住在北部區域（約 43%），而且都市化程度越高的城市，居住在戶籍地的人口比例越高，相反的，雲林、嘉義等就業環境較差的農業縣市，人口外流的比例就比較高。

（二）工業發達

臺灣早期在經濟發展的過程中，工廠數快速增長是必然的趨勢。但直至近 20 年，由於產業外移及轉型，工廠數變化起起落落；如 1998 年有營運的工廠數總計有 82,750 家，而 2002 年降至 74,087 家，但到 2020 年的統計則為 90,763 家。但無論如何工廠運作後所產生之汙染，如廢氣、廢水、事業廢棄物（尤其是有害事業廢棄物）、噪音等，均可能影響一般環境品質。

（三）機動車輛增加

2017 年底臺灣地區機動車輛登記數達 2,170 萬輛，而到 2022 底已達 2,238 萬輛，平均每平方公里有 600 輛，且每年都正成長；大部分的機動車輛皆在都會區使用，其中密度最高為臺北市。機動車輛的高度成長雖帶來了行的方便，但其排放的大量一氧化碳、碳氫化合物及氮氧化物卻是造成空氣汙染的主因（見第 5 章）。

（四）垃圾數量增多

由於經濟富裕，購買力提高，民眾不再珍惜物力，用過即丟，以致臺灣地區垃圾量從 1981 年底之 356 萬噸，成長至 2017 年底之 736 萬噸，成長率達近 2 倍。到了 2021 年更達 1006.2 萬噸。平均每人每年約產生 20.6 公斤的廚餘，以及 428.5 公斤的垃圾。由於垃圾場使用年限縮短，而在新垃圾場興建不及，有時形成垃圾無法處理或堆積待運，政府積極興建焚化爐之方式，處理垃圾，減低對環境影響，垃圾減量成為重要的推展政策（見第 5 章）。

（五）電力消耗增加

現代化家庭設施如電視、電腦、冷氣機、電冰箱、洗衣機等，可提升生活之舒適與享受，但卻耗電。平均每年家庭用電量由 1996 年 1,824 度，至民國 2017 年 2,611 度，增加 1.4 倍；70% 以上之電力來自火力發電，而以燃煤、燃油、燃氣發電時，則會有汙染空氣之疑慮。另外，其實工業用電則佔更高用電比例，如 2022 年統計數據顯示工業部門占全臺 56.22% 的電力消費，而住宅（民生）為 18.22%、服務業占 17.02%，以上三大部門占全臺超過 90% 電力的使用。

（六）用水量增加

由於現代化家庭設施之普遍，如洗衣機、抽水馬桶等，帶來生活上的便利，卻耗費許多水資源，平均每人每月家庭自來水用水量由 1990 年之 7.34 立方公尺增加至 2017 年之 8.16 立方公尺，增加 1.2%，而平均每人自來水用水量從 1990 年之 0.241 立方公尺增加至 2017 年之 0.268 立方公尺，增加 1.2% 自來水用水量，另工廠及養殖業者大量抽取地下水，造成水資源缺乏。臺灣亦被列入世界上缺水地區（見第 3 章及本章 6-2-4）。

總而言之，臺灣在經濟發展後的城鄉發展，因政策的差異，促使城鄉生活環境品質水準有明顯的差距；復加上經濟安定且快速的成長，經濟產業結構已由農業轉變為工業的發展型態，更進一步發展為工商服務業，此過程加速人口都市化，亦為產業活動空間分布不平均。而人口過度都市化，使得大量因人口密集結果產生許多汙染、碳排放過高、都市熱島效應[6]等等，而鄉村地區則被重工業繼續重度汙染，山坡地則在都會區過度開發為住宅區，造成水土保持的問題。

🍀 6-2-2　臺灣天然災害與極端氣候

　　地狹人稠的臺灣，土地利用與開發程度已超出負荷，加上過去以經濟發展為前提的土地濫墾、山坡地開發過度、行水區建屋…等等，臺灣因經濟對土地資源利用的不適切，倘若自然環境的反撲時，災害即刻反映在人民的財產與生命上，使其安全受到威脅。歸納臺灣地區的天然災害，最常見的是由於過度使用土地之災害，說明如下：

一、土石流

　　山崩為土石流類型最危險、傷害程度最高之一種，由巨石、礫、砂、泥等岩石碎屑與水混合，受重力向下流動的現象稱為土石流，多發生在山坳處或河谷中。臺灣地區從 1992 年土石流潛勢溪流進行調查統計，其中土石流潛勢溪流係指溪床坡度大於 10 度以上且該點之集水面積大於 3 公頃者，為土石流潛在地點。從開始調查至今（2023 年）的統計資料顯示，目前全國土石流潛勢溪流條數為 1,733 條，如圖6-4。其中，以南投縣 262 條為最多，新北市 235 條次之。同時過去因颱風所引起的土石流，有越來越多的趨勢，並且對居民生命財產安全造成重大的傷亡與損失。

二、風災（颱風）與水患

　　臺灣地區每年均會遭受氣象災害造成損失，其中形成水災的主要原因是颱風來襲夾帶大量的雨水。熱帶海洋面在充足的水氣和熱量等條件的供應下，加上地球自轉的作用，將形成熱帶性低氣壓，若當風速達每秒 17.2 公尺以上，就形成颱風。豪雨則為連續不停的降雨，若降雨的日累積量達 130 公釐以上可稱之為豪雨；而洪水的產生原因，則為河川流量突然暴增，在短時間河水無法宣洩，使得水位暴漲，河水溢出河岸氾濫形成洪水。

　　颱風、豪雨與洪水經常會造成地表的土壤嚴重的沖蝕，若在山坡地會發生山崩，使河水高漲，沖毀橋墩，橋梁斷落與交通中斷；若沖毀河堤引起水災，則會影響沿岸居民身家安全極鉅。颱風所挾帶的強風與豪雨，使得沿海地區形成海水倒灌，房屋淹水危及生命安全。洪水是世界上造成民眾生命和財損的重大天然災害，水退後地上殘留的汙泥，處理上更是費時費力。

　　每年侵襲臺灣的颱風平均 3~4 個，此為影響臺灣氣候的主要因素之一。除強風造成的屋舍毀損，瞬間雨量易造成豪雨，由於驟然降雨空間和時間分布不均，易引發水災以及土石流。臺灣過去遭受颱風侵襲的月份大抵以七、八、九三個月之颱風數最多，占全年近 75%，稱為颱風季。全球暖化也使全年大豪雨日數有增加的趨勢（見第 4 章），常造成澇災臺灣近 20 年極端強降雨與颱風數量倍增，並造成重大傷亡，如 2001 年的桃芝、納利接連兩颱風，分別造成 214 人死亡或失蹤以及 104 人死亡或失蹤；另 2009 年莫拉克颱風造成人民生命財產重大損失，在短短 3 天內降雨量達 2,900mm，經濟損失達新臺幣 42 億元，造成 703 人死亡或失蹤，1,555 人受傷，是最為慘重的。

圖 6-4　全臺土石流潛勢溪流數量分布圖

三、地震

由臺灣地區的地震觀測資料可將臺灣地區地震帶可分為三個主要地震帶：

（一）西部地震帶

指整個臺灣西部地區，大致與島軸平行。主要是因板塊碰撞前緣的斷層作用引發地震活動，由於斷層構造多侷限在地殼部分，因此震源深度相對較淺。

（二）東部地震帶

此地震帶之地震即為直接由於菲律賓海板塊與歐亞板塊碰撞所造成，地震活動頻率最高。此地震帶南端幾與菲律賓地震帶相接，並沿臺灣本島平行方向向北延伸經臺東、成功、花蓮到宜蘭，而與環太平洋地震帶延伸至西太平洋海底相連。

（三）東北部地震帶

此帶因受沖繩海槽擴張作用影響，自蘭陽溪上游附近經宜蘭向東北延伸到琉球群島，屬淺層震源活動地帶，並伴有地熱與火山活動現象（龜山島附近）。

由於臺灣處環太平洋地震帶上，地震發生的次數相當頻繁，且常有強烈的地震發生。據中央氣象局自 1994~2021 年的觀測資料顯示，臺灣每天平均約發生 100 次地震，每年就有 2 萬到 4 萬個地震，而規模 6.0 以上的地震達每年平均 3 次，其中有 214 次為有感地震。從 1900 年至今超過 100 餘次的災害性地震。

案例：1999 南投集集 921 大地震

發生在 1999 年 9 月 21 日 1 時 47 分的南投集集大地震，震央（斷層開始斷裂處稱之為震央）位於日月潭西方 12.5 公里，也就是南投縣集集鎮附近（北緯 23.78 度、東經 121.09 度），芮氏地震規模高達 7.3 級，相當 30 顆廣島原子彈威力，全臺灣皆能感受到強烈震度。921 大地震造成多起房屋倒塌與意外事故，並引發嘉義以北大停電，各地接二連三傳出重要災情。由車籠埔斷層及雙冬斷層所引發的此次地震，造成 100 公里之地表破裂帶，水平變位最大 7 公尺，垂直最大變位達 4 公尺，地震死亡 2,456 人，受傷 10,718 人，房屋全毀 53,661 棟，毀損 53,024 棟。921 地震也是紀錄上全臺災害性地震造成最大災情者。

四、乾旱、焚風、寒流

熱帶島嶼地形若缺少夏季颱風所帶來的雨水，每至冬季易出現乾旱之情況。所謂乾旱是指：持續一段長時間缺少降水，在水源的補充缺乏之下易形成乾旱。在臺灣南部地區，降雨主要為颱風和梅雨季節，若當梅雨不明顯或缺少颱風降雨時就易造成乾旱，而乾旱會使地下水源減少，導致農作物歉收與民生工業用水短缺。臺灣亦有焚風災害，當颱風的環流系統橫越山脈會造成焚風，其中以臺東地區較常發現。臺灣冬季雖溫暖，但偶爾大陸冷氣團來襲，氣溫驟降至 0~10 度低溫，此時會產生寒害，造成農漁作物損失，但由於臺灣地處亞熱帶，寒害發生情況較少。

五、極端天候

臺灣極端氣候的趨勢可由雨量的現象看出其端倪。約自 2000 年代以後的近 10 多年間，豪雨事件次數傾向兩極化，多數年份呈現明顯偏多，或是明顯偏少。觀察豪雨事件次數在各年份的排名，最為偏多與偏少的前幾名也有較集中在近 50 多年後期年份的現象。

而在超大豪雨方面，在前 10 名事件次數最多的年份中，有 7 名是發生在 2000 年代以後，此顯示出近 10 多年豪雨事件影響範圍較廣，且發生次數機會較多的特徵。豪雨日數偏多年份以近 50 多年的後期年份出現頻率相對較高。

雷暴天氣也是極端氣候一部分的指標。近 50 年來臺灣地區雷暴天氣最為活躍的時期是在 1970 代中期，之後出現明顯減弱趨勢，直到 1990 年代減弱幅度幾乎達到一半。但從 2000 年代之後，雷暴天氣活躍程度反而持續增加的趨勢，部分年份如 2001、2005、2006 及 2009 與 2012 等年份指標值明顯增加。顯見極端氣候在臺灣已經有明顯漸增的趨勢。

✿ 6-2-3 資源不當利用

綜觀在近年臺灣的重大自然災害中，除地殼活動引起之地震之外，有越來越劇烈的情況，其中與颱風、豪雨等引起的災害有關。天災所帶來的災害，卻與人為不當的開發與行為相互影響，導致加劇並造成嚴重的問題。如造成洪災加劇的人為活動，包括：河川行水區的洪氾平原不當開發、超抽地下水之地層下陷，以及阻擋洪

水宣洩途徑的水利工程。森林砍伐及不當造林會破壞水源涵養功能、縮短洪峰傳輸時間、破壞土壤與岩塊之穩定，造成土石流等等。另外，加上人為之疏失所造成之汙染等，都帶給臺灣土地嚴重的傷害。

一、地層下陷

導致地層下陷的原因，主要是有些地層在未完全固結情況下，若將地下水大量抽取出，將引起孔隙壓縮，進而造成地面之下降。之前統計臺灣地區地層下陷累積的總面積達 2,667 平方公里，約占臺灣平原的五分之一，將近有 10 個臺灣北市大，雖近年有減緩現象，但 2017 年時仍有 2,491 平方公里。雲林地區的 880 平方公里為最廣，顯著下陷則有 239.5 平方公里，而屏東地區則有 68.4 平方公里（2017 年）。而下陷最深的是屏東沿海塭豐地區，累積最大下陷量達到達 3.2 公尺。南部海水入侵造成國土損失和民眾災害，令人怵目驚心。而地層下陷最重要的原因就是非法魚塭、超抽地下水所致（見第 5 章圖 5-7）。根據水利署推估全臺灣水井數量約 32 萬口，但僅不到 3 萬口具合法的水權登記，其中近九成皆為非法開挖，分布在西南沿海一帶地層下陷區的近 19 萬口，抽水量為 23 億立方公尺。另臺灣附近平均海平面上升速率依統計資料顯示為每年 3.4mm，高於同時期全球平均值的 1.9mm。

二、山坡地濫墾與濫建問題

臺灣經濟發展後不斷的過度開發丘陵山地，使得山坡地之濫伐、濫墾、濫建等問題日益嚴重。由於土地不當開發，使臺灣原有大面積植被覆蓋，呈現快速減少的現象，進而使得水土保持遭受嚴重破壞，山區各項自然資源日益枯竭。因此，每當颱風、地震及豪大雨發生時，就容易發生山崩、土石流等地質災害。許多民眾在訊息不完全之下，將房舍興建於溪谷堆積地或出口處，一旦颱風或豪雨時，土石流造成房舍倒坍、掩埋，生命產損失慘重。另外隨著道路一再地往山區開闢，更加速森林及山坡地的濫墾濫伐、超限使用。

如賀伯颱風來襲致使阿里山山區村莊居民流離失所、土石流毀損作物、對外交通中斷（圖 6-5），以及溫妮颱風亦造成林肯大郡 28 條寶貴生命枉死，都顯示山坡地開發問題和國土管理的嚴重疏失，但最主要原因仍在於開發時業者為降低自身成本，未落實水土保持計畫（圖 6-6）。

圖 6-5　賀伯颱風神木村土石流 (1996)

圖 6-6　溫妮颱風，導致林肯大郡災變 (1997)

　　臺灣在過去近 30 年來，在人為與自然雙重影響之下，無論是地震、颱風、土石流、旱災⋯等等，以及人為濫用以及國土欠缺妥善之規劃下，造成臺灣居民的生命與財產危險。其問題起源皆與國土保安有密切之關連性，包括：水、土、林業務未能整合、缺乏有效管理、保育地區重疊管制、保育業務重疊、人力編制重複、管理單位權責劃分不明確、土地超限利用與違規使用、與山爭地等問題。

　　未來若再不重視國土規劃之重要性，更多無法預料之災害將可能越來越多，與其忙著善後，應盡速規劃有效之國土保育與安全之相關計畫，明訂限制發展保育區，並配合政策專責機構，加速立法與訂定細則。

三、土壤流失的情形：山坡地開發與去森林化的結果

　　臺灣本島森林覆蓋的面積約占 59%。根據國土保育及開發諮詢委員會指出，全臺有 4 千公頃原屬林地，已遭超限利用，但森林植被卻是水土保持的最後一道防線。據統計，森林被砍伐後，土壤流失率增加 100 倍、每公頃流失 160 噸土石。而水資源汙染，水庫優氧化等問題亦為土壤流失所導致。當土地缺乏植被覆蓋時，在大型山坡地開發工程進行的過程中（包括高爾夫球場、各快速道路及新市鎮開發等），開挖土方的管理不當，土壤流失的問題也更加嚴重。也由於臺灣山坡地超限利用，以及道路興建，造成土石流與大面積崩塌地，除了嚴重破壞森林生態系更影響附近流域環境。加上上游攔砂壩、中游水壩的中斷溪流連續性，下游河道的溝渠化，也改變了溪流環境，同時影響生態結構與生物分布。

🍀 6-2-4　能資源利用與使用問題

一、水資源涵養問題

臺灣的降雨量雖然豐沛，但實際可利用的水資源卻有限，其原因如下：

（一）水資源供需失衡

臺灣年總雨量不到 1 千億噸，其中有 150~180 億噸成為可供給之水資源（包括 13% 的河道逕流量與 5% 地下水），但其中水資源之供給部分能被加以利用而滿足需求的僅有約兩成，其餘有近八成或流入海或蒸散至大氣。在可用之水資源中農業用水占最多 (71%)、生活用水僅占 (20%)，可見臺灣無法善加利用水資源，如圖 6-7 所示。

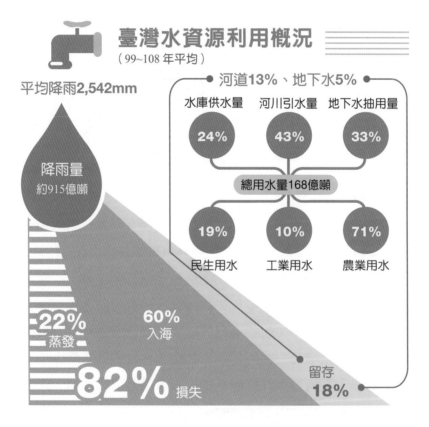

圖 6-7　臺灣水資源失衡示意圖
（資料來源：經濟部，中央社）

（二）降雨分布不均

臺灣受到全球極端氣候與氣候變遷之影響，近百年來全臺降雨量有減少趨勢。臺灣近年來，單日降雨量及豪大雨日數增加，四季平均降雨日數減少，有旱澇加劇之趨勢，平均降水時數均呈減少，表示降水強度（單位時間內降水量）有增強的趨勢。在圖 6-8 中，豐水年從 1953~1972 年約每 19 年出現一次，但 1988~2005、2012~2016 年更縮短為幾年的間隔；另乾旱年從 1963~1980 年相隔 17 年才出現一次，但近年從 1993~2002 年，以及 2002~2011 年縮短為 9 年一次，而 2011~2014 更僅有 3 年之隔，以上數據都顯示極端氣候所造成雨水分布不平均，造成臺灣水患與旱災有越來越嚴重的趨勢。故蓄水設施可儲水日數減少，且降雨量變動率上升，水資源的管理與控制難度將增加許多。

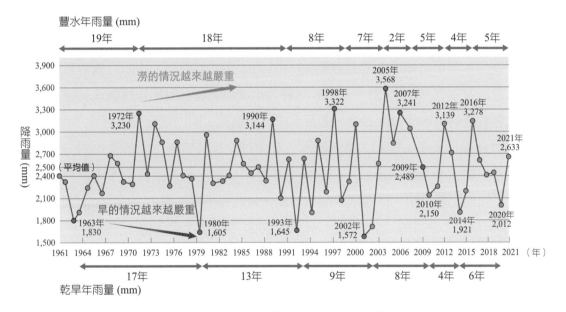

圖 6-8　臺灣累積降水時數歷年趨勢

（三）可用水量分配少

　　臺灣四面環海，氣候溫暖潮溼，年平均降雨量約 2,500 公釐，雖為世界平均值 973 公釐的 2.6 倍，但因地狹人稠，每人每年可分配雨量僅約 4,074 立方公尺，不及世界平均值 21,796 立方公尺的五分之一（如圖 6-9）。此外，德國 Kassel 大學環境系統研究中心依據 1961~1995 年全球水文數據所作之統計，臺灣位居世界第 19 位缺水國家，顯示臺灣為水資源匱乏地區。又依據最新公布 2018 聯合國公布之「世界水開發報告」指出臺灣已名列第 18 位缺水國家。這是全民應面對且嚴肅的課題。

　　而臺灣地區每人每年平均可以分配到的水量，只有全世界平均雨量的七分之一而已，換算成每人每年可用水量大約只有一千公噸（1,000 立方公尺），以目前世界可用水量的標準，以及上述的平均分配雨量而言，臺灣確屬於缺水國家，但遺憾的是相對與其他國家，臺灣也是用水較多的地區。

　　臺灣地區 2015 年統計，96 座公告水庫統計蓄水設施有效容量總計 20 億 4,167 萬立方公尺，其中水庫有效容量僅為 19 億 1,104 萬立方公尺，水庫有效容量即占全部蓄水設施有效容量之 93.87%。依水利署之水資源開發利用總量管制策略推動計畫中，以各設施的供水能力為基礎，考量水庫的淤積量，國內現況公共給水（自來水）供水能力為每日生產 1,112.17 萬噸的水。其中以北部區域約占全國供水的一半，可見水資源供給的不均衡。所以，如果遇上乾旱年或當年夏季颱風未帶來足夠雨量挹注全臺不同地區之水庫，則會造成缺水狀況，使政府不得不祭出不同方式的限水令，如 1993 年基隆「分區隔日供水」計 64 天、2002 年臺北「供 4 停 1」計 54 天以及桃園與板橋、新店「供 4 停 1」計 49 天、2015 年桃園、板新「供 5 停 1」計 49 天、2021 年苗栗、臺中（含北彰化）「供 5 停 2」計 61 天。

　　而在臺灣地區每人每日生活用水量的方面，由於越來越重視生活品質，對於缺水的態度越來越無法容忍。臺灣每人每日用水量平均約 280~300 公升左右，相較高於國際標準值 277 公升，但水價則僅為其他歐洲國家的 1/17~1/3 左右，同時也高於鄰近的香港、日本。所以臺灣目前為自來水價格較低，但生活用水量使用較高的情況。從國際水學會 (International Water Association, IWA) 針對國際水費負擔率（水費年支出／人均 GDP）及生活用水量之分析結果（圖 6-10）可得知，水費負擔率越低，每人每日生活用水量則越高，反之亦然。推測用水量大原因可能與生活品質的追求、水價相較低廉或省水觀念尚未建立有關，而造成用水較於浪費。

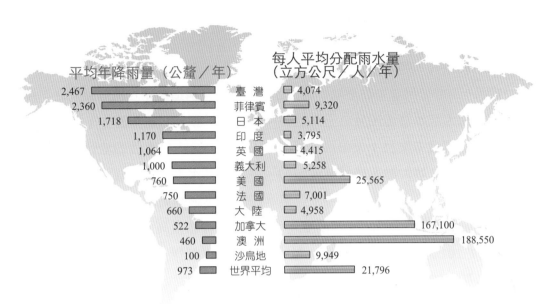

圖 6-9　臺灣與各國每人平均分配雨量分析 (2014)

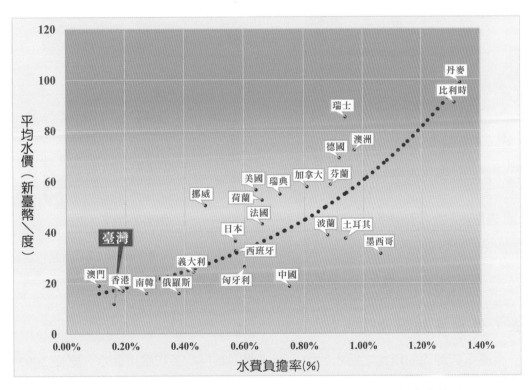

圖 6-10　臺灣與各國每人每日自來水生活用水量與水費負擔比較圖
（IWA 2021 年調查用水 100 度之水費負擔率排名）

（四）水庫蓄水量減少

臺灣本島標高 1,000 公尺以上的山區占總面積 31.5%，100~1,000 公尺的坡地也高達 31.3%，100 公尺以下的平地不過占 37.2%。地質構造複雜且地層形成之年淺質弱，適合作為天然水資源開發之方案隨各開發案之推動，已逐漸減少；質優量足又價廉之水資源開發方案已不復可得。歷經 921 大地震後，集水區的地質結構脆弱，每因豪大雨造成土壤沖蝕與裸露地區增加，導致涵養水源能力降低；加上近年來受全球氣候變遷影響，降雨過於集中，對集水區衝擊與影響更加顯著，造成泥砂流入河川及水庫，衍生水質惡化、原水濁度高，其中水庫淤積量高達 26,885 萬立方公尺，相當於 19 座 101 大樓，可見水庫蓄水量的減少程度更劇烈，臺灣重要水庫淤積量的近年變化趨勢，如圖 6-11 所示。

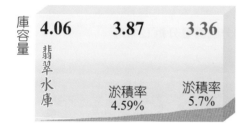

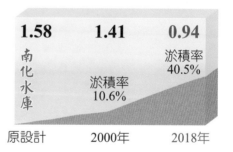

庫容量單位：億立方公尺

圖 6-11　全臺主要水庫容量與淤積量一覽圖

（五）供水系統漏水

全臺水資源除前所述之蓄水問題，另一個則為供水系統嚴重漏水，雖從 2007 年的漏水率 23.11% 到 2017 年減低漏水率至 15.49% 已有顯著改善，但政府仍啟動降低漏水率計畫，積極整修、汰換老舊之管線，以期將總體漏水率降至 15% 以下，

2017 年降低漏水率 0.6%，2018 年降低漏水率 0.5%、2019~2022 年每年降低漏水率 0.4%。表 6-1 顯示臺灣各地區在 2014~2022 年對漏水控制狀況的處理情形。

表 6-1　臺灣縣市各區 2014 與 2022 年之漏水率比對

縣市	漏水率 (2014)	漏水率 (2022)
屏東	14.7%	22.45%
基隆、新北市（淡水河以北，第一區管理處）	29.00%	22.01%
臺東	26.63%	17.80%
臺中、南投	23.38%	15.67%
雲林、嘉義	16.17%	12.14%
臺南	10.70%	7.95%
高雄、澎湖	14.70%	8.34%
宜蘭	18.59%	13.57%
花蓮	23.80%	16.75%
新竹、苗栗	15.36%	11.63%
彰化	16.82%	12.74%
板橋、新莊	11.91%	11.91%
桃園	17.62%	12.19%
臺北、新北（三重、新店、永和、汐止、中和）	16.71%	11.2%
新北（淡水河以南，第十二區管處）	11.91%	7.59%

二、資源的利用問題

（一）生態物種逐漸減少

　　臺灣生物資源非常豐富，特有物種比例相當高，由於土地資源有限，在人為開發與自然環境脆弱之情況下，生物種消失絕滅的速度亦非常快，臺灣陸域僅為全球的 0.0277%，但物種數量卻高達 3.8%，是全球平均值的 150 倍。另海洋生物的種類也甚多，約為全球的 1/10，是平均值的 361 倍。臺灣目前擁有超過 5 萬種生物，物

種數量之比例占全球所有國家平均值的 100 倍，但近 50 年來卻因棲地遭開發破壞等因素（見第 2 章），造成至少超過 24 種以上生物種的滅絕、超過 100 種生物瀕危。臺灣專家曾於 2017 評估國內五陸域類群、共 617 種陸域動物的受脅狀態，其中有 17%、105 種生物被列為列入極危、瀕危、近危等級之「受脅物種」。

依據國際自然保育聯盟 (IUCN) 資料指出，原始棲地干擾破壞、過度採集捕獵等因素是物種滅絕主要原因（見第 2 章）。對於存續面臨威脅之珍稀生態資源而言，保護區是確保它們暫時存活之庇護所。至目前為止林務局劃設並管理之自然保護區數量多達 38 個，面積更有 39 萬 9,300 公頃，約占國有林總面積之 26.6%，僅占臺灣陸域面積之 11.12%。

（二）漁業資源枯竭

根據漁業署 2016 年漁業統計年報的臺灣閩地區漁業統計概要，2016 年漁業生產量共達 1,004,241 公噸，與 2015 年生產量 1,299,736 公噸比較，明顯減產 295,495 公噸，減產比率為 22.74%；而至 2022 年僅剩 874,296 公噸。2016 年漁業生產值為 86,452,598 千元，較 2015 年生產值 92,444,522 千元，減少 5,991,924 千元，減少比率為 6.48%，而在 2022 年時僅剩 82,206,232 千元（圖 6-12）。以上數據皆顯示臺灣的漁業資源有明顯減低的趨勢，應與棲地破壞、汙染、勞動力不足、成本提高等因素有關，也使不少臺灣漁船因此跟中國大陸漁船交換漁獲，或進行海上交易，甚或到對岸去買漁獲，近海漁產資源步入枯竭階段。

另以俗稱「海上黑金」的烏魚為例，根據漁業署的統計顯示 2018 年度烏魚漁獲尾數為 120 萬尾，雖然為近 20 年來的新高。但回顧歷年臺灣烏魚的漁獲量呈現相當大震幅變化，在 70 年代初期烏魚的年平均產量約 100 萬尾，1978~1985 年達 200 萬尾為歷史高點。但在 1986~1993 年之後明顯有受到影響，下降至 50 萬尾，1998~2012 年的年平均產量僅 36 萬尾，而 2021~2022 年冬季僅捕獲 21 萬 6 千多尾。由於近年烏魚的洄游路徑改變，漁獲量增基不多，並受到全球氣候暖化的影響，造成漁況產生變化，進而影響其洄游路徑，此改變使漁民於原有地區不易捕獲。

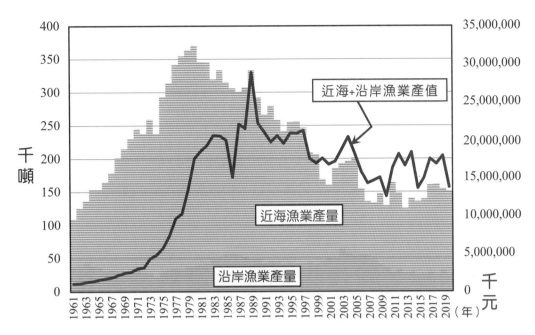

圖 6-12　臺灣地區近年近海與沿岸漁獲量與產值（物價指數 CPI 校正）變化圖。

資料來源：漁業署

（三）珊瑚礁生態破壞

　　臺灣沿岸的珊瑚礁層及濕地被不當的開發、濫倒廢土，破壞最有生產力的生態系統，也損及自然界寶貴的食物鏈。依據臺灣環境學會在 2014 年的調查中，臺灣本島與離島的活珊瑚覆蓋率僅介於25~50%間，具有潛在的危機（25%以下即為劣化），復加上核電廠、工廠所排放的廢水、廢棄物汙染海岸以及全球暖化都使得珊瑚生態遭受破壞；其中暖化帶來的海水升溫造成珊瑚白化並甚至導致珊瑚大量死亡日益嚴重。美國國家海洋暨大氣總署 (National Oceanic and Atmospheric Administration, NOAA) 於 2020 將臺灣北部與南部海域的珊瑚白化狀況提升到最高的等級，而綠色和平研究團隊也於同年指出臺灣周圍海域珊瑚受白化威脅為自 1998 年以來，最嚴重的一年。

🍀 6-2-5　汙染

一、河川與一般水體汙染

　　臺灣地區據行政院環保署 2021 資料顯示，臺灣目前未受汙染的河段有 1,924.2 公里，占河川總長度的 65.6%；輕度汙染河段為 295.1 公里，占河川總長度的 10.1%；中度汙染的河段有 605.0 公里，占河川總長度的 20.6%；嚴重汙染的河段有 109.7 公里，占河川總長度的 3.7%，見圖 6-13。相較於幾年前的數據，汙染情形有明顯改善。

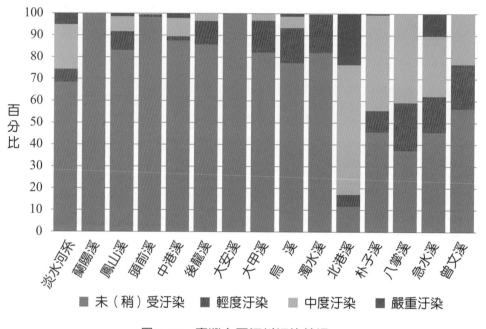

圖 6-13　臺灣主要河川汙染情況

　　另工業汙水之排放，導致河川遭受不明物質，甚至毒性物質之汙染。這些物質除汙染水源外，更可能流入農田與殘留於土地內，導致水中生物中毒，危害人類生命安全。廢土堆集、廢水排入、填土開發等，使臺灣濕地瀕臨絕跡。湖泊淤積、水塘逐漸被消滅，喪失滯洪及生態功能。嚴重的水文侵蝕以及築堤、投消坡塊等，更造成環境的破壞。

二、海洋汙染

海洋汙染的原因有下列幾種：1. 河川將工業汙染物質、農漁牧業廢汙水、民生廢汙水、垃圾滲漏廢汙水帶往海洋，形成近海河口及近海嚴重之汙染；2. 海上交通工具航行時及海底原油探勘開採所引起的原油洩漏。以下舉例說明：

案例：阿瑪斯號貨輪油汙海洋生態浩劫事件

2001 年，35,000 噸級希臘籍「阿瑪斯」輪於載運 6 萬噸鐵砂欲航往大陸南通的途中，在臺灣南端墾丁國家公園龍坑生態保護區東北方近海擱淺，因海象惡劣及盛吹東北季風下，於 19 日船裂造成油料外洩，汙染海域。整體事件為保護區的生態帶來浩劫，造成墾丁國家公園龍坑保護區以及當地長達 7 公里的海岸嚴重汙染。墾丁國家公園為臺灣目前唯一含有珊瑚礁海域的國家公園，兼具海洋、丘陵、森林、草原、湖泊及河川等自然景觀，各類生物資源相當豐富。區內軟珊瑚密集生長在礁石表面，尤其獨立礁附近，有各種大型魚類棲息。由於沿岸海域海藻生長繁盛，更是各種魚、蝦、蟹、貝覓食生長的主要棲所。當地之海洋生物及海岸受到原油之汙染，首當其衝成為受害者。有些區域之油汙更厚達 10 公分，海洋汙染會對水質產生溫度升高，以及毒性的問題，直接與間接會影響到海洋生物與人體的健康，造成被油汙覆蓋的海底生物之滅絕以及當地漁業經濟的損失。

6-3　臺灣環境負荷與能源短缺問題

臺灣環境變遷劇烈已成為常態，復加上資源過度及不當使用的交互作用，使得環境負荷已達臨界點，另外能源的不當使用造成電力、水資源的浪費，更使得臺灣環境更加險惡。臺灣除了人口數以及受 2019 年的新冠病毒全球大流行的影響外，近二十年來的 GDP、總車行里程、能源消費皆逐年成長，而碳的排放量無明顯遞減，但各種環境問題依舊未見明顯改善（見第 3 章），見圖 6-14。

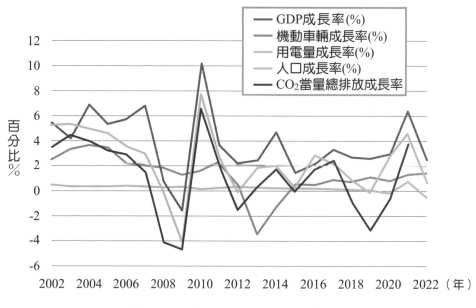

圖 6-14　臺灣近年環境負荷影響示意圖

🍀 6-3-1　全球暖化之衝擊

一、海平面上升

　　臺灣四面環海，海岸線超過 1,000 公里，海水日以繼夜地與海岸交互作用，長期作用的結果，本就會造成海岸線持續後退，灘地寬度縮減。當海灘地前緣，海床坡度變陡時，即產生海岸侵蝕現象，也將加劇沙灘流失、沿岸土地鹽化、海岸工程破壞、海岸生態等破壞所帶來的衝擊。如今更面臨全球暖化造成海平面上升的問題。臺灣南部包括臺灣南七股、嘉義、雲林等地的沙岸近年的流失問題相當嚴重，據調查，外傘頂洲不僅南漂且近 20 年來每年消失 41 公頃，推估 5 年後（2028 年）將成為消失的國土；雙春海岸線之北、中、南側自 1994 年來已分別退縮 400、135、115 公尺；而臺南海岸自南到北的五座沙洲也逐漸縮小，而七股潟湖也將失去天然屏障。

二、極端氣候與降雨型態改變問題

　　近年來，臺灣的年雨日數則呈現明顯的減少趨勢，強降雨的次數則有增加的趨勢。此也印證從 2000 年以來臺灣，豪雨與大豪雨出現的頻率變多，氣候變的相對不穩定。

　　若與全球相較，臺灣島屬於相對缺水區，降雨時間與空間差異性較高，加上氣候變遷、全球暖化效應導致臺灣氣溫升高易造成暴雨或澇。同時由於整體大氣環流改變，降雨有地區性的移動，促使造成臺灣南部地區年平均河川流量有減少趨勢，改變原有的降雨型態。

三、空氣品質

　　臺灣空氣品質問題在於內部的能源產生污染問題以及境外汙染問題，目前依照環保署歷年的統計，空污並沒有越來越嚴重，改善幅度有限，但是民眾對於空氣品質受到工廠排放廢氣與火力發電等等汙染其惡化卻是越來越有感，無法忍受。而境外移入的汙染卻是束手無策，僅有警示民眾不要外出以及做好自我保護 沒有實質的解決方案，若要解決也需要時間，對政府和民眾都是考驗。

🍀 6-3-2　能源、電力、碳足跡問題

一、能源總體供給與消耗

　　臺灣能源之供給長期以來都依賴進口，自產僅為 2% 左右，有約 98% 都是來自進口，其中又以石油為最多，比例結構相當不均衡。

　　根據能源局資料得知，從 1995~2010 年，我國能源消耗以每年約 6% 速度成長，而 2002~2022 年的資料顯示能源供給結構高度依賴煤炭、石油及天然氣等化石燃料，所占比例超過 90% 左右，核能發電為 5%，再生能源僅占 2%（圖 6-15）；但在政府推動能源轉型的政策下，再生能源的比例已逐年緩慢地增加，而核能供電將於 2025 年全數歸零。

　　依據國際能源總署 (International Energy Agency, IEA) 於 2017 年發布之排放量統計資料顯示，2015 年臺灣二氧化碳排放量為 249.4 百萬噸，占全球 0.77%，排行全世界第 21 名（臺灣人口數約 2,300 萬，占全球 0.34%），而 2020 年的二氧化碳排放量為 249.8 百萬噸，若包含所有溫室氣體則為 263.2 百萬噸二氧化碳當量。綜觀臺灣於 2022 年的主要排放指標包括：每人平均排放量 10.7 噸二氧化碳，排行全世界第 19 名；排放密集度 0.16 公斤二氧化碳／元，排行全世界 53 名，亦顯示臺灣耗能與排碳的問題極為嚴重，再加上能源轉型（廢核與加速再生能源建置）的

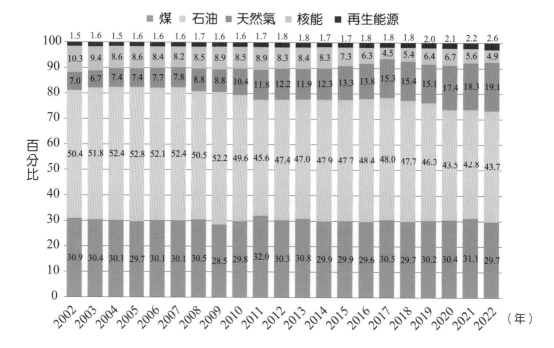

圖 6-15　臺灣近年能源總供給結構圖

過渡期，臺灣的減碳工作可能無法在未來的 5~10 年內有明顯的成效。另 2025 年的全面廢核及再生能源的建置已確定無法達標（2025 年占所有發電量的 20%，2023 年僅達 8.3%），更有可能造成全臺灣的供電吃緊，並面臨限電危機。

　　誠前所述，就臺灣近二十年人口成長趨勢與能源消耗之趨勢而言，人口成長雖持續緩慢，但消耗能源卻是以極快的速度成長，未來能源的需求也將越來越多。能源的浪費與不當使用，更將使在能源缺乏的臺灣更突顯，相關問題的嚴重性。

二、電力使用之浪費

　　臺灣沒有天然資源，長期以來卻能享受廉價、供應無虞的電力；近年來，除少數幾次因電網遭受外來損害而發生大停電，例如 1999 年 7 月 29 號大跳電及同年因 921 大地震所發生之大停電，台電皆能在短短的時間即恢復全臺的電力。臺灣平均每年用電量漸增趨勢。1991 年每人每年平均用電僅約 4,500 度，但至 2017 年已達到 11,169.07 度。

　　臺灣因無重視節電之重要，人均用電量竟比鄰近日本多出近 50%、約 2,500 多度電。若以 2020 年之全球資料統計，臺灣人均用電量居第 12（圖 6-16），此也顯示過去以來臺灣人用慣了價格低廉之電力，且節電不足，再加上前述能源轉型的供電基礎不穩問題，將使得電力系統更加脆弱，導致電力能源危機。

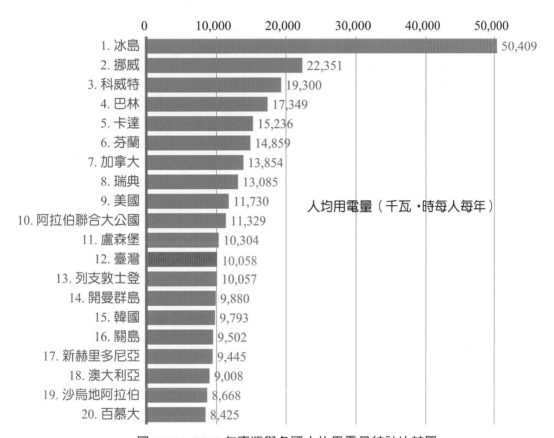

圖 6-16　2015 年臺灣與各國人均用電量統計比較圖

三、電力容量不足問題

　　若以電力備用容量而言，目前電力在 2025 廢核後，可能會有缺口出現，見圖 6-17。若不用核電，可能造成電價上漲，臺灣近年必然要加速能源轉型或節電行動。根據綠盟提出用電零成長之主張，只要產業進行節電（如綠建築），就不會缺電。而政府過去幾年宣導工業節電做得非常多，也就是容易節省的，皆已節省；另較為困難的部分，則與產業轉型的計畫有關，則需要更長的時間。

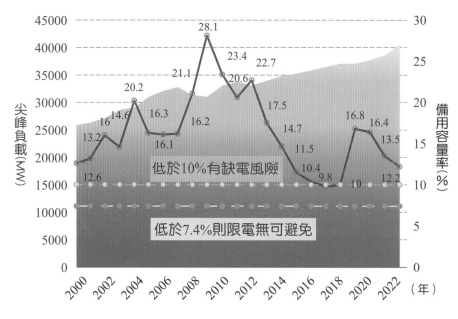

圖 6-17　臺灣 2011~2022 年電力備用容量率趨勢圖

四、替代能源的必要與契機

2016 年經濟部能源局公布新能源規劃與政策，其中的綱領即是能源安全、綠色經濟、環境永續及社會公平之均衡發展，期達成 2025 年非核家園目標，實現能源永續發展。臺灣能源的結構，目前仍過度依賴化石燃料 (90%)，見圖 6-15。就電力而言，發電比重仍以燃煤與天然氣為重。整體而言，再生能源的比例仍有極大發展的空間（圖 6-18），如在臺灣具有相當潛力的海洋與地熱發電皆尚未全力開發。另

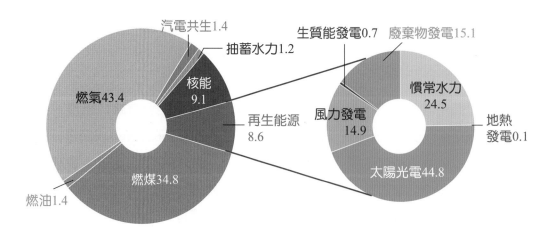

圖 6-18　2022 年臺灣發電量比例圖
資料來源：經濟部能源局再生能源資訊網

就過度仰賴化石燃料而言，不僅可能無法如期達成 2050 年的全球淨零碳排目標外，其他汙染物所造成的健康問題以可能加劇。

（一）太陽能與風力的發展

臺灣再生能源，太陽光電及風力發電快速成長，根據經濟部統計處資料顯示（圖 6-19），2022 年臺灣風力與太陽光電發電裝置容量已分別達 9,724 與 1,581 千瓩，雙雙創下歷史新高紀錄。為因應替代能源之迫切需求，政府與各界長期投入在風力與太陽能的設置中，目前雖有不錯的進展，包括在西南部沿岸，如苗栗、屏東、嘉義、臺灣南等地之陸域設施，但也引發一些與農、漁爭地、威脅生態棲地、地方利益分配不當等問題；離岸風電之設置雖然爭議較少，但仍有影響漁業資源、海洋生態衝擊、工程配套與施工維護難度、造價過高等問題。

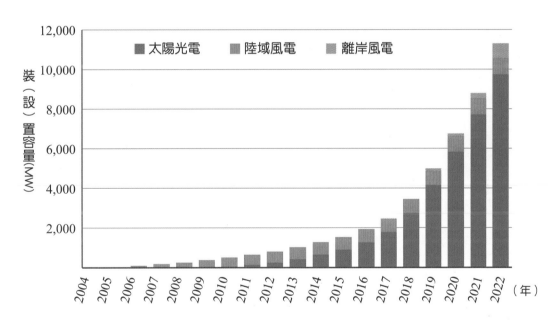

圖 6-19 　臺灣近年太陽光電及風力發電裝置容量

（二）地熱發電的可能

近年來國際間越來越重視再生能源技術與全球暖化減緩作為，而隨著探勘、鑽井技術日益精進，已使地熱能成本逐漸降低。估計以目前技術，全球可供發電、具開採潛力之地熱能約有 70~80GW，目前僅開採約兩成，未來仍具相當發展潛力。包括澳洲、英國、加拿大等國目前也正積極開發地熱資源，具統計在 2018 年地

熱發電裝置容量最高的國家為美國 (3,591MW)、其次為印尼 (1,948MW)、菲律賓 (1,868MW)、土耳其 (1,200MW)、紐西蘭 (1,005MW)、墨西哥 (1,069MW)、另冰島地熱總發電量為 755MW 約占其國家總發電量 (18.55TWh) 的 27%。科學家預測，全球至 2050 年時，地熱能的年發電量可能可達 1,400TWh（兆瓦小時），占總發電量的 3.5%。

臺灣有相當良好的地熱發電區位優勢，且在全球排名十名內；在淺層地熱發電有 989 百萬瓦的發電潛力，而深層地熱發電潛力更可高達 31.8GW，有相當大的開採潛力。配合近年利用臨界二氧化碳取熱技術之發展，未來更可降低能源碳排放量。迄 112 年 8 月底止，位於宜蘭仁澤的地熱發電場建置發電裝置容量已達 840 瓩，已累積發電量 172 千度。

五、碳足跡、生態足跡與因應氣候變遷

依據「全球足跡網路」(Global Footprint Network, GFN) 於 2011 年出版的「國家足跡估算」(national footprint accounts, NFA) 指出：人類在 2008 年需要 1.5 個地球的生態資源及服務（生態足跡，見第 1 章），方可供應人類的需求，此相較於 1961 年時僅需要 0.7 個地球增加一倍。根據世界自然基金會 (WWF) 和全球足跡網路估算全球人類 2023 年的生態負債日（Earth Overshoot Day，或稱為地球超載日），將落在 8 月 2 日，亦即當日人類會用光今年度的地球資源額度，包括了水資源、乾淨空氣和土地，人類自此將過著生態借債的日子。同時報告也指出，若依照目前人類消耗自然資源的速率而不加以控制，則需要 1.7 個地球方能產出足夠的自然資源以供人類需求。有研究中指出，臺灣 2012 年時為 6.61 全球公頃／人、 2018 年 6.46 全球公頃／人，相較先前數據已有逐漸降低趨勢，但仍高於全球平均約 5 全球公頃／人，可見臺灣的碳足跡問題須受重視。另於 2022 年底時，德國看守協會 (Germanwatch) 公布根據溫室氣體排放量、再生能源發展、能源效率及氣候政策等 4 大領域之 14 項指標所產生之氣候變遷績效指標 (Climate Change Performance Index Results, CCPI) 進行評比，結果是臺灣在評比的 60 個國家之中名列 57 名，雖該評比僅能做參考，但仍顯示臺灣在氣候變遷的努力尚顯不足之處。

　　當挪用其他地區的資源來滿足臺灣的需求，不僅表示我們遠超出自然環境的承載力，更顯示我們長期對臺灣環境的忽視。當臺灣島上全部種滿樹，也需要 26 個以上的臺灣，才能完全將我們所排放的二氧化碳吸取，此也是造成臺灣溫度逐漸上升的關鍵之一。我們生活的環境，在各種先天環境條件不良的情況之下（資源少、地震多、颱風多），復加上人為不當的開發與利用（濫墾、汙染、過渡利用能資源），導致居住的生活空間遭受大自然的反撲，造成人民付出生命與財產的慘痛代價，再加上政府的政策作為並未有明確且適當的調整或改變，在氣候變遷已成事實且加速迎面而來的衝擊下，臺灣所有人將付出代價。我們的下一代，仍會繼續居住在臺灣這塊土地上，若今日不正視與關切我們環境的議題，明日將付出更加倍的代價。

 　註　解

1. 梅雨季：臺灣發生的時間在 5、6 月春末夏初交替之際。

2. 焚風：臺灣民間因其炎熱而稱之火燒風，通常盛行在東部地區，其中又以臺東地區較常發生。

3. 落山風：大約自 11 月至次年 3 月，共 5 個月。由於東北季風風層深厚，不受地形阻擋，越過臺灣山脈南端，沿著山坡下衝，在恆春半島造成強勁的下衝氣流，並且具有輕度的落山風現象，與繞過臺灣島西部南下的氣流匯合後形成強烈且乾燥的氣流。

4. 臺灣地質包括六部分：(1) 西部海岸地帶：沉積平原。(2) 西部山麓帶：第三紀沉積岩受激烈褶皺與逆衝斷層錯動，呈覆瓦狀。(3) 中央山脈東側：先第三紀變質雜岩之古老核心。(4) 脊樑山脈及雪山山脈：屬於亞變質板岩帶。(5) 海岸山脈：由安山岩質火山岩、火山碎屑岩外圍後來侵蝕之碎屑岩。(6) 澎湖群島：由洪流式玄武岩構成。

5. 日本人對臺灣的行政區域劃分：沿襲清朝末年「三府一直隸州」的基礎，改府為縣，劃分為「三縣一廳」，分別為：臺北縣、臺灣縣、臺南縣及澎湖島廳。縣以下則設支廳。以臺北縣為例，其下設有：基隆支廳、宜蘭支廳、淡水支廳（初稱為淡水事務所，於 1895 年 7 月 19 日改稱支廳）、新竹支廳。

6. 都市熱島效應：都市異常溫度上升，與大樓和路面柏油對太陽光的蓄熱、都市內部大樓的空調設備排出的熱氣、樹木減少等有關。同時，都市亦被高聳的建築物覆蓋，遮擋著風的流動，更促使都市內部的高溫化。

習題與討論　EXERCISE

一、選擇題

( )1. 下列何者非為臺灣的五大地形？　(A) 山地　(B) 丘陵　(C) 盆地　(D) 冰河　(E) 台地

( )2. 臺灣最長的河流為？　(A) 高屏溪　(B) 濁水溪　(C) 淡水河　(D) 曾文溪　(E) 大甲溪

( )3. 關於臺灣地質類型之敘述，何者為真？　(A) 西部海岸地帶：沉積平原　(B) 東部山麓帶：第三紀沉積岩受激烈褶皺與逆衝斷層錯動，呈覆瓦狀　(C) 中央山脈西側：先第三紀變質雜岩之古老核心　(D) 脊樑山脈及雪山山脈：屬於亞變質玄武帶　(E) 澎湖群島：由洪流式花岡岩構成。

( )4. 臺灣曾多次調整行政區域，下列何者非直轄市？　(A) 高雄市　(B) 新北市　(C) 臺中市　(D) 嘉義市　(E) 臺南市。

( )5. 下列何者為山崩最危險的、傷害程度最高的情況？　(A) 落石　(B) 地滑　(C) 地層下陷　(D) 土石流

( )6. 臺灣山坡地濫墾的問題在於其起源皆與國土保安有密切之關連性，下列何者正確？　(A) 水、土、林業務未能整合，缺乏有效管理　(B) 保育地區重疊管制情形嚴重，不需對保護區系統進行整合　(C) 保育業務重疊、人力編制重複，管理單位權責劃分明確　(D) 土地並無超限利用與違規使用。

( )7. 請問臺灣雖降雨豐沛，但時空間上之分布非常不均勻，枯水期約在何時？　(A)10~2 月　(B)8~12 月　(C)11~4 月　(D)12~5 月

( )8. 下列何者為臺灣目前唯一含有珊瑚礁海域的國家公園？　(A) 雪霸國家公園　(B) 墾丁國家公園　(C) 陽明山國家公園　(D) 太魯閣國家公園

( )9. 影響海水面上升的人為活動，何者為非？　(A) 砍伐森林　(B) 攔河築壩　(C) 颱風　(D) 溼地破壞

（　）10. 藉由生態足跡的計算式計算 2004~2011 年臺灣人均生態足跡介於 9.50~10.35 全球公頃，2011 年的總生態足跡高達 230,460,802 全球公頃，換算成臺灣土地面積約需幾個臺灣才夠？　(A)24　(B)36　(C)64　(D)100。

二、問答題

1. 臺灣國土規劃的問題有哪些？請舉例說明。

2. 何謂土石流？其發生原因為何？

3. 除颱風外，臺灣地區造成水災的原因有哪些？

4. 臺灣能源替代方案有哪些，請說明。

5. 請說明臺灣能資源利用與使用有哪些問題？

參考資料　REFERENCES

1. 中央氣象局，http://www.cwb.gov.tw/V7/climate/climate_info/statistics/statistics_2_1.html.

2. 中華民國核能協會，2017，http://www.chns.org/

3. 臺灣自來水股份有限公司，http://www.water.gov.tw/pda/04faq/faq_a.asp?bull_id=227

4. 臺灣環境資訊學會，2014，2014 臺灣珊瑚礁體檢報告書。

5. 臺灣自來水股份有限公司，2016，105 年臺灣自來水事業統計年報。

6. 臺灣主要河川分布圖，修改自時報文教基金會。

7. 行政院內政部，2017，內政統計報告。

8. 行政院內政部戶政司，2009，台閩地區人口統計。

9. 行政院經濟建設委員會都市及住宅發展處，2012，都市及區域發展統計彙編。

10. 行政院經濟建設委員會經建會人力規劃處，2012，中華民國 2012~2060 年人口推計報告。

11. 行政院農業委員會水產試驗所，1967~2017 年統計資料。

12. 行政院經濟部水利署，2001~2016，水利統計年報。

13. 行政院農委會漁業署，1967~2010 年水試所統計資料，2011~2012 漁業署查報員資料。（未發表）

14. 行政院公共工程委員會，http://eem.pcc.gov.tw/node/215

15. 行政院主計處工商及服務業普查，http://www.dgbas.gov.tw/np.asp?ctNode=2833

16. 行政院經濟部水利署，http://www.wra.gov.tw/ct.asp?xItem=22834&CtNode=5344

17. 行政院農委會水保局土石流防災資訊網，http://246.swcb.gov.tw/index.aspx

18. 行政院環保署溫室氣體資料庫，http://webgis.sinica.edu.tw/epa/kyoto.html

19. 行政院內政部消防署，http://www.nfa.gov.tw/main/index.aspx

20. 李永展，2014，需要幾個臺灣才能滿足我們的需求：臺灣生態足跡分析，經濟部電子報第 251 期。

21. 陳文福，2004，沖積扇扇頂補注區之硝酸鹽汙染：第十屆「臺灣之第四紀」暨「臺北盆地環境變遷」研討會論文集，中國地質學會，第 178~184 頁。

22. 康志堅，2011，全球地熱發電發展現況與展望，工業技術研究院產業經濟與趨勢研究中心。

23. 陳雲，2008，臺灣地區劇烈天氣長期氣候變化：豪雨事件以及雷暴事件分析，2008 臺灣氣候變遷研討會，第 28~29 頁。

24. 經濟部能源局，http://web3.moeaboe.gov.tw/ECW/populace/home/Home.aspx

25. International Water Association (IWA), 2010, International Statistics for WaterServices.

Environment *and Life*

人類健康、環境安全及永續生活

07

許多人開始重視環境問題除了發自人類內心對環境的關懷（環境道德）之外，另外的因素之一往往是因為自身的生活品質、健康甚至生存受影響，例如資源越來越少造成爭奪的衝突、環境受汙染導致健康危害或生活品質敗壞、居住安全因災害而受威脅等。人類的福祉 (human well-being) 其實也是建立在相同的條件上，即需求的供應（富裕程度）、健康的身體（健康程度）以及安穩的生活環境（安全程度），這些也同時是社會優質發展的重要指標，更是人類要樂活 (lifestyles of health and sustainability, LOHAS, 原意為健康與永續的生活方式，音譯為樂活) 的重要基礎。

7-1　人類的健康、安全與環境的關連

　　健康 (health) 是指處於一種身體各項功能正常或無疾病的狀態。世界衛生組織 (World Health Organization, WHO) 於 1946 年更廣義地詮釋健康為：「健康不僅是指處於沒有疾病或虛弱的狀態，更應是健全的生理與心理狀態以及良好的人際關係精神。」不論是狹義或廣義的解釋，一個人的健康最主要是受三種因素的影響，即基因體 (genome)、生活習慣 (life style) 與物質環境 (physical environment)。基因體[1]就是個人的體質，生活習慣包括作息、運動、飲食等，亦與物質環境有關。

　　所以，整體環境因素對人體健康的影響是息息相關的，甚至在某些狀況下，其所占的比例是相當高的。例如：空氣汙染問題已被證實會造成都市人的心肺疾病以及減短壽命（見第 5 章）、水體受重金屬汙染並累積於水或農產品造成食用的毒害（見第 5 章）、臭氧層受氟氯碳化合物的破壞導致照射一般人暴露於過多的紫外線並造成皮膚癌的罹患率增加（見第 4 章）、全球暖化也導致許多地區傳染病發生率的漸增（見第 4 章）、過度的暴露於噪音不僅影響聽力並產生心理的壓力進而導致生理問題…等。所以，環境的舒適度是現代人為確保生活水準的重要指標之一。當環境的舒適度降低時，就代表生活的品質降低，更甚者則導致健康的問題或疾病的發生。

安全 (safety) 是指處於一種沒有風險 (risk)、危害 (hazard) 或損失 (loss) 的狀態。一般人所認知的安全是指身、家、財、物而言，所以，健康狀態其實也是屬於安全的範疇。風險是指發生事件的機率。而由於在現實生活中要達到沒有風險是不可能的，所以在安全 (safe) 與否的認知上，有時低風險也是可以接受的（可接受風險，acceptable risk）。例如身體檢查如需照射 X 光線，其造成健康影響的風險（致癌機率）是非常低的，所以我們會認為它是相對安全的。

廣義的安全 (security) 尚包括心理、社會、政治、情感、職業、教育以及基本需求等方面受到保護或不受影響，而有些也與環境的議題是有關連性的。例如：有些人居住在容易發生天然災害或土地管理不當的地區因土石流或山崩而喪命（居住安全，見第 6 章）、因氣候暖化造成水資源匱乏（水資源安全）及糧食供應不足（糧食安全）、食物受環境汙染物使食用者產生健康風險（食品安全）…等。

✿ 7-1-1　影響健康與安全的環境因素

會造成健康影響或產生危害的環境因素可分為五大類，包括：

1. 化學性危害 (chemical hazard)：包括汙染物（見第 5 章）、農藥、日常用品（含有毒化學成分）等。

2. 物理性危害 (physical hazard)：包括高溫、噪音、電磁波或電磁場、紫外線、游離性輻射線[2](ionizing radiation) 等。

3. 微生物性危害 (microbiological hazard)：包括致病性的細菌、病毒、寄生蟲、原生生物、昆蟲以及其他微小生物等。

4. 傳染媒介 (vectors)：包括會傳播傳染病的媒介生物，如瘧蚊、跳蚤、鼠類、蝙蝠、貓、鹿、蟑螂、蒼蠅…等。

5. 意外 (accidents)：包括生活、交通、天然或人為災害所導致的意外。

上述危害的產生通常是由危害源透過不同的途徑 (pathways) 或環境介質 (media) 對人體產生不良影響，此過程稱為暴露 (exposure)，例如汙染物可經由呼吸、皮膚吸收及攝食等途徑進入人體、噪音透過空氣傳播影響聽覺神經、輻射線則以直接照射產生殺傷力。

　　圖 7-1 指出會造成健康危害或安全風險的主要環境因素以及其間之關連性，其中全球暖化所導致的氣候變遷（見第 4 章）由於會產生整體大環境的改變，並造成人類許多安危問題 (security)，因此也是目前各國最重視的環境議題之一。圖 7-1 也包括人類生活／生存所需之重要資源，主要包括能源、水、物料、食物等，同時也顯示其實環境與人類健康或安全問題之間的關連性是錯綜複雜的。有些環境問題會相互影響，而產生的健康效應有時也是不同環境問題的綜合效應。例如沙塵暴發生率或強度的增加大多源自於發源地土地管理不當（見第 5 章），而其中部分的原因可能是水資源的過度擷取所造成的結果，但水資源不足亦有可能是氣候變遷導致的效應；因沙漠化增強的沙塵暴所產生的空氣汙染除了會增加全球部分地區民眾罹患呼吸道及心血管疾病的發生率，也可能造成能見度的下降導致發生車禍的可能性增加。

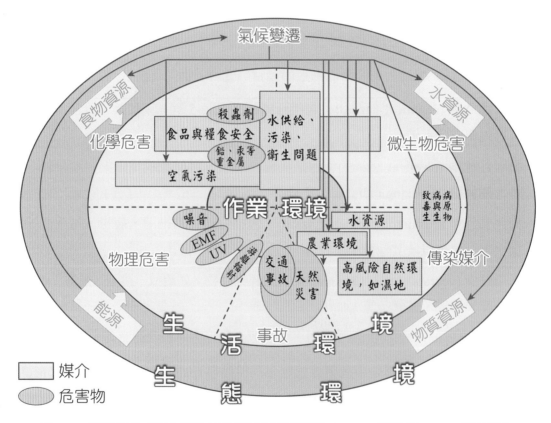

圖 7-1　健康危害或安全風險的環境因素及關連性（EMF：電磁場、UV：紫外線）

　　失能調整生命年 (disability-adjusted life year, DALY) 是最常用以衡量社會整體疾病負擔的一種方法。失能調整生命年包含因健康問題所產生之生命損失年 (years of life lost, YLL) 與失能損失年 (years lived with disability, YLD) 兩大部分。世界衛生組織分析多年的 DALY 數據顯示在所有導致健康問題及一些危害的因素中，環境因素有時是非常重要的，而不同的環境狀況對不同健康危害之貢獻度亦不同。圖 7-2 所顯示的是聯合國以 DALY 推算不同與環境相關之因素對不同健康與安全問題之貢獻比例。

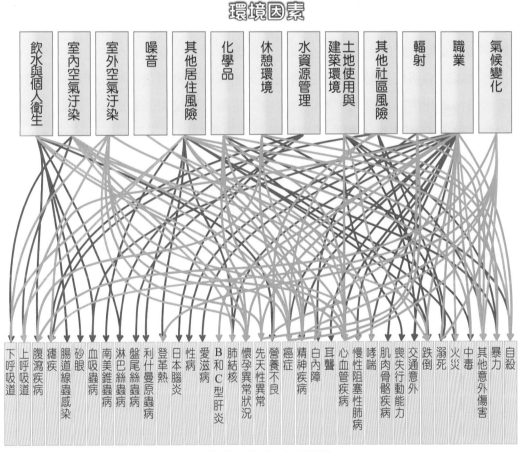

圖 7-2　不同環境風險對疾病或安全問題之貢獻比例（貢獻比例：紅線：>25%，藍線：5~25%，黃線或綠線：<5%）

因此，一個現代化社會要能支持其民眾的健康與安全，也需提供他們一個健康與安全的環境。但弔詭的是，有時風險卻與科技文明相倚相生。人類為了解決某些問題或提升人類福祉而發展出新科技，往往卻又創造出新的環境問題與風險。

7-1-2　科技風險

科技發展所帶來的利益能改善我們的生活品質，諸如許多化學品的發明、使用藥品、手機、電腦等，但卻可能衍生其他對人體的健康影響或風險問題，有時我們也不得不接受。例如手機的使用帶來許多生活的便利，但也造成許多人開車不專心而發生意外，也可能影響視力及頸椎的疾病，而電磁波可能產生的健康效應仍有許多的爭議；又如電腦的使用會產生輻射而影響身體，以及人因危害造成手腕傷害；更甚者沈迷於網路世界而成癮無法自拔；又如醫藥的發展是治療人類疾病，但也有人濫用藥物或利用藥物害人，所以科技會同時帶來正反兩面的影響。因此，如何降低這些風險及其影響是人類文明發展所必須思考的問題。針對不同的風險（或危害），我們必須先進行適當的風險評估 (risk assessment)，然後考量技術、成本、社會、經濟、文化等因素，設法將風險消弭或控管至最低，此即為風險管理 (risk management)。

人類社會發展至今，針對不同風險我們也發展出不同的方式來加以評估，例如化學品、核能、工程、食品、運輸、資訊、醫療、能源、投資…等。但不論評估的議題為何，皆需要有足夠的資訊來支持進行完善或具一定品質的科學基礎 (scientific sound) 的評估。但問題是：如果資訊不足或者錯誤時，評估的結果就無法讓風險管理的決策選擇正確的方法來降低風險，或者防範對人類不利的狀況發生，畢竟「預防勝於治療」。針對環境相關的問題，這種現象十分普遍，其主要原因之一是：人類對地球環境的運作其實還未充分地了解，其二為其所牽涉的事物層面往往相當複雜。例如：我們未能預見人類在地面上使用 CFC 會上升至臭氧層造成破壞（見第 4 章）、汞會累積在生物體而汙染水產食物造成日本水俣症（Minamata disease，見第 5 章）公害事件的發生、大量排放二氧化碳產生的全球暖化及其衍生的效應一發不可收拾（見第 4 章）、使用核能發電意外的輻射外洩（烏克蘭車諾比、日本福島，見第 3 章）…等。

人類由於對環境的忽視而造成對相關資訊的不足，並導致科技的發展產生對環境的衝擊，進而影響到人類的福祉。此與我們期待科技帶來進步或提升人類生活是矛盾的。因此，聯合國在 1992 年地球高峰會所提出的里約環境發展宣言（Rio Declaration，見第 1 章）將預警原則 (precautionary principle) 列為人類保護環境及永續發展的重要指導原則之一，並於其中闡明預警原則：「若有對環境產生嚴重或者不可逆轉的損害時，不應該將缺乏完整的科學證據，當作是延遲實行符合成本效益作法的理由，以防止環境的退化」(In order to protect the environment, the precautionary approach shall be widely applied by States according to their capabilities. Where there are threats of serious or irreversible damage, lack of full scientific certainty shall not be used as a reason for postponing cost-effective measures to prevent environmental degradation)。

雖然科技與發展帶給人類兩難（提升福祉與增加風險），但我們憑藉智慧還是可以想辦法趨吉避凶。新的思維將帶來改變。人類在 20 世紀末所提出的永續發展概念將會帶領人類渡過 21 世紀，並確保文明能繼續延續下去。

7-2 環境管理與永續生活

人類未來發展的主要關鍵還是在於資源、能源與生態環境的三個管理層面，此也是環境管理 (environmental management) 所需涵蓋的重要部分。我們可以透過適當、完善、整體性的規劃，並運用經濟、法律、技術、行政、教育等手段來減少或消弭人類活動與發展對環境產生的衝擊，而最基本原則是既可滿足人類的基本需求，又不超出環境所能負荷的極限。

環境管理牽涉到許多專業知識與技術層面的部分，本書則不深入介紹。誠然，全球不同地區雖然有發展程度的差異，也需採用不同的技術、方法或策略去解決相關的問題，但其管理的觀念與思維應該是相似的，因為我們所面臨的一些問題的根本原因是相同的－即錯誤的能資源使用方式和超過環境負荷量。環境管理的最重要任務是在轉變人類的一些基本觀念與生活態度，並藉由行為調整以達到能同時兼顧社會發展與確保人類福祉的目的。因此，本書也期望讀者能在觀念與思維上有實質的改變，最後並以行動落實於日常生活中。

🍀 7-2-1　人類生活的轉變

　　一般現代化社會或都市傳統的運作模式為線性的（linear，圖 7-3a），即大量能源與物資的輸入，然後被消耗並產生大量廢熱及廢物，同時也帶來環境的衝擊。此也是人類以往的經濟發展模式（褐色經濟，brown economy）[3]，並造成現今人類生存危機的主因之一。

　　傳統經濟學著重於提升生產力，且並未考量人類所消耗的環境成本。但自工業革命以來，全球的勞動生產力已經提升了 20 倍以上，而整體經濟的資源耗用量與汙染物排放量更不斷推升至高峰。例如在 1980~2020 年的 40 年間，全球生產力提升了 200%，而全球國內生產總值 (gross domestic product, GDP) 的增長幅度更高達 8 倍以上（11~85 兆美元，2023 年將突破 100 兆美元），但同時也導致化石燃料、礦產、木材與穀物等物質的消耗量增加了 200%（400~800 億公噸）。

　　但我們同時卻也付出的是：全球因土地使用、水資源耗用、溫室氣體排放、空氣汙染、水汙染、土壤汙染以及廢棄物所衍生的環境外部成本經估計高達 7.3 兆美元，相當於全球總 GDP 的 10~15%，如果加上自然生態功能的敗壞所帶來的損失，則我們要付出的將更多的。世界銀行預測如果地球生態系統達到臨界點，到 2030 年時，全球經濟每年將面臨 2.7 兆美元的損失；未來的十年，全球 51 個國家的 GDP 將整體下降 10~20% 因為生態系統的崩潰。如果人類能提早認知環境是經濟發展的基礎，並建立能資源永續利用的模式，則不會如今面臨要經濟成長卻又不得不犧牲環境的兩難局面。

　　自然環境能生生不息的法則很簡單：1. 沒有廢物，所有的物質都可以被利用；2. 趨向多樣化；3. 使用太陽能為主。人類的生活方式必須師法大自然，盡量遵循上述法則，並改變目前的線性模式（圖 7-3a）。首先的轉變在於系統的輸入端－即能源與物資的輸入。能源必須採用替代能源（見第 3 章）而物資（包括食物）盡可能取自當地的生態系統，以減少對其他生態環境的壓力。一旦進入系統後，能源與物資的使用應盡可能減少並回收再利用，如焚化爐的廢熱能發電或將冷水加溫、有機廢料（如廚餘）回收進入當地農業生產線、非有機質可再加工製成新產品等，並形成一類似於生物體內循環代謝 (circular metabolism) 的模式（圖 7-3b）。當然，有些能量最後是無法再被使用的（熱力學第二定律）[4]，而少數物質經過多次的轉換也無

法再被利用時則必須被排放進入當地環境中，但需先將其轉換為低毒性、低汙染、低環境衝擊的形式。這種一再地藉由回收、再利用、減碳、減能耗、減廢的有效使用資源的經濟模式，則稱為循環經濟 (circular economy)。

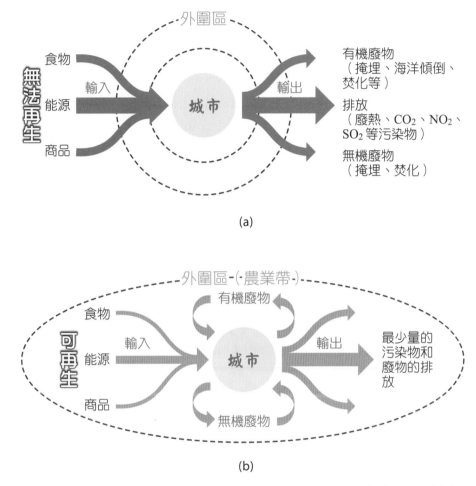

(a)

(b)

圖 7-3 人類社會使用能資源的 (a) 傳統線性以及 (b) 循環代謝的運作模式

不過這種物資從搖籃到墳墓 (from cradle to grave) 的使用方式畢竟對環境或人體健康還是或多或少會產生一些衝擊。最理想的狀況是：所有的物質都可以取自於自然並全數回歸於自然（圖 7-3b 中間的內循環）。這也是 Walter R. Stahel 在 1970 年代所提出的工業設計概念－從搖籃到搖籃 (from cradle to cradle, C2C)（圖 7-4）。C2C 將現有產品及製程採用無毒原料、乾淨與無汙染能源以及節水的製程來取代對環境有害、耗能、耗水的原料及製程，同時妥善規劃回收管道，使產品本身與其供應鏈以及回收再利用方式皆是環境友善的 (environmental friendly)。

　　從線性轉變到循環代謝的運作模式也是 21 世紀實施綠色經濟 (green economy) 的根本以及下一波工業革命的主軸。綠色經濟也是人類要永續發展的唯一選擇－綠色成長 (green growth)。聯合國環境規劃署 (United Nations Environmental Programme, UNEP) 將「綠色經濟」定義為「可改善人類福祉及社會公平，同時可顯著地降低環境風險及生態破壞之經濟」(green economy as one that results in improved human well-being and social equity, while significantly reducing environmental risks and ecological scarcities)，並包含低碳排放 (low-carbon emission，聯合國現已提出淨零碳排政策，zero emission)、資源效益 (resource efficiency) 與社會包容 (socially inclusive)[5] 等三個重要內涵，前兩者的主要作用在於改變人類過往的線性發展思維與作法，而社會包容意指貧窮、資源分配不均、正義等社會問題應獲解決。綠色經濟強調人類未來的經濟發展必須建立在公、私部門的投資應該要減碳與減汙染、提升能源與物資的使用效率，以及確保生物多樣性及生態服務的不致喪失。

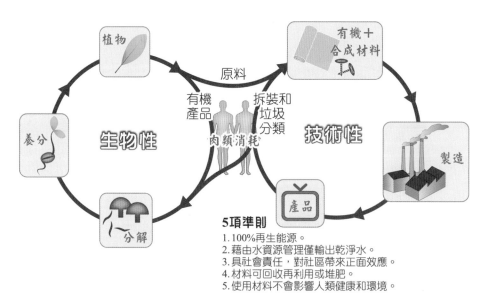

圖 7-4　「從搖籃到搖籃」的產品綠色設計概念

7-2-2　綠色革命

　　依據綠色經濟的內涵，人類要永續發展就必須在以下兩大部分中的不同領域來進行投資同時帶動作法上的轉變：

1. 自然資本 (natural capital) 的保育：包括農業、漁業、水資源、林業。

2. 能源及資源的效率提升：包括再生能源、製造、廢棄物、建築物、運輸、旅遊、城市建設。

一、農業

農業對多數的開發中國家而言，是最主要的生產部門，也是一般民眾最重要的經濟來源。全世界目前約有 30 億人的生計依賴不同的農業生態系統，包括：農耕、畜牧、林業和漁業。到目前為止，全球農業生產量尚能滿足不斷增長的人口。然而，不同地區的單位勞動力和單位土地面積的糧食產量卻存在很大的差異。在 2003~2005 年間，高收入國家中單位勞動力創造的糧食產量比低收入國家高 95 倍，相較於 1990~1992 年間的 72 倍，其差距又更加擴大。工業化的農產方式主要存在於已發展中國家，此目前也是全球糧食生產的主要來源，占總農業生產及食品製造業產值的 50% 以上。但異於傳統農業的僅依賴自然資源與生態服務（見第 2 章），工業化農業卻須大量投入外部資源，通常是高耗能、耗水、大量使用化肥、除草劑、殺蟲劑、燃料、改良作物、先進機具等。此與低產量的傳統、小型農業相比，這種農業方式也帶來了更劇烈的環境衝擊。

不論何種農業方式，全球整體的農業活動造成了約 13% 的人為溫室氣體排放，主要是所使用的無機肥料、殺蟲劑與除草劑等化學品的製造以及化石燃料的消耗。此尚未包含土地利用改變所帶來的影響。全球 58% 的氧化亞氮與 47% 的甲烷排放來自農業（兩者皆是溫室氣體，見第 4 章）。此外，按照目前的趨勢，由牲畜釋放的甲烷量預計到 2030 年還將會再增加 60%，而農業用地對森林地的侵占預計未來還將造成 18% 全球人為溫室氣體排放量的提升。

工業化農業除對全球暖化的加速效應之外，過去 50 年中，由於大量的肥料使用，全球淡水系統中的磷濃度也升高了至少 75%。每年流入海洋的磷元素達 1,000 萬噸。水中的氮磷的汙染也是導致水體優養化的主要原因（見第 5 章）。美國用於優養化治理的費用每年高達 22 億美元。

儘管農業生產力在不斷提高，現今世界上仍有近 8 億人口處於營養缺乏的狀態，而其中有 2.1 億是 5 歲以下兒童。更矛盾的是：在糧食產量仍有餘存的國家，例如印度，超過半數缺乏糧食保障的家庭卻是在農村。全球未來農業的轉型也必須有效地解決這些問題，並可同時減緩貧窮以及其衍生的社會及環境問題。

　　全球農業在需求與供給方面皆面臨諸多的挑戰。前者包括：糧食安全、人口增長、收入提高後對需求形式的改變，以及生質燃料帶來的競爭壓力；後者主要有：有限的可利用土地、水資源、礦產、農村勞力以及農業對氣候變化的脆弱性與糧食的損失和浪費（圖 7-5）。此圖也顯示不同地區，因為經濟發展差異因素而造成的食物損失或浪費的狀況有很明顯的差異。

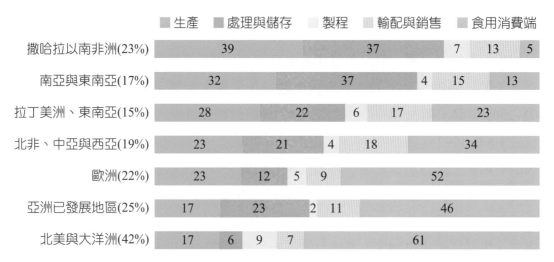

	生產	處理與儲存	製程	輸配與銷售	食用消費端
撒哈拉以南非洲(23%)	39	37	7	13	5
南亞與東南亞(17%)	32	37	4	15	13
拉丁美洲、東南亞(15%)	28	22	6	17	23
北非、中亞與西亞(19%)	23	21	4	18	34
歐洲(22%)	23	12	5	9	52
亞洲已發展地區(25%)	17	23	2	11	46
北美與大洋洲(42%)	17	6	9	7	61

圖 7-5　全球地區糧食在相關不同過程中損失或浪費的情形（地區名稱後刮號內的數字代表其浪費或損失食物的比例）

　　人類在 21 世紀如何面對以上的挑戰？我們的農業領域必須在以下區域多做努力才能達到永續農業 (sustainable agriculture) 的最終目標：

1. 保育水土資源。

2. 以輪作或間作保持土壤肥沃力。

3. 改良施肥技術以減少肥料之使用。

4. 開發生物性及有機質肥料。

5. 充分利用農業廢棄物。

6. 利用非化學性之病蟲害防治及除草技術以減少化學品的使用與汙染。

7. 作物病蟲害防治的綜合管理。

8. 有機農產品之推廣。

9. 畜物與作物之整合經營管理。

10. 從產出至銷售的公平貿易。

11. 整體性的農地管理與補貼制度。

12. 作物與畜物多樣化與在地化。

13. 節能之農務機械化。

14. 減少糧食的浪費（包含生產端、儲存、運送、食用端等）。

二、漁業

全球漁業在社會上及經濟上都有相當重要的地位（見第 3 章），因為其提供全世界 10 億多人口的動物性蛋白質與食物的來源保障。而依賴海洋漁業資源之直接、間接產業所創造出的全球每年經濟產值更超過 2,000 億美元以上，同時也提供了 2 億以上的工作機會，如果包含間接的可能高達 6 億人口；2020 年所全球漁業產量更創歷史新高的 2 億公噸。但是，日漸枯竭的漁業也是最讓人擔心的自然資源之一（見第 4 章）。

全球海洋漁業已顯現過度捕撈（過漁，overfishing）的跡象了。聯合國估計全球商業漁群僅剩 25% 未被完全開發，且多數是屬於較不經濟價值的低價魚種。52% 的漁群已經被完全開發，且沒有擴展的空間；19% 已被過度開發；8% 已經枯竭。2015 年的可捕獲總量僅有 1970 年的一半，而到 2050 年時更將僅剩 1/3。

雖然過度捕撈是全球漁業衰退的主因，但亦有其他多方面的原因。包括錯誤的補貼政策、汙染、人類食性的轉變、城市發展、不同地區沿海生態系統的破壞、水產養殖型態、氣候變遷、旅遊業的發展等因素皆或多或少衝擊到整體漁業產量。

目前水產養殖占全球所有水產總量的 52%，且持續增加中。但數據顯示其增加量僅能抵銷海洋捕撈所消減的量，故整體漁業產量並未提高。要做為綠色經濟中動物蛋白質的主要來源，水產養殖似乎較有前景且對環境衝擊相對較少，但也面臨許多挑戰，包括：仍需依賴野生捕撈、潛在疾病威脅野生魚類、汙染等問題，所以在技術、方法、管理上也必須予以改進以其符合永續原則。無論如何，如果人類未來對水產需求更多（趨勢也是如此），我們必須將漁業綠化 (greening fisheries)。

綠色漁業必須針對不同層面的問題採用以下不同的策略，包括：

1. 減緩海洋環境之退化（包括全球暖化）。

2. 縮減捕撈能力並搭配補貼、調整漁撈成本、輔導轉型等措施。

3. 改良漁具或捕撈技術以減少連帶傷害。

4. 完善的魚類種群評估與監控計畫。

5. 建立有效之國家、區域及全球管理制度。

6. 發展相關技術及綜合管理規範使水產養殖盡可能自足。

7. 擴大海洋保護區。

8. 改變消費者觀念。

9. 建立海洋休閒觀光產業永續經營之管理規範。

三、水資源

　　水是維繫生命的基本需求，但全世界仍有許多窮人無法輕易地取得它。現今仍有將近 10 億人無法獲得潔淨的飲用水，而 26 億人因為無水而無法改善他們的衛生狀況，特別是在撒哈拉以南的非洲和部分亞洲地區。因此也造成全球每年有 140 萬名五歲以下兒童的死亡（見第 3 章）。

　　乾淨水的缺乏與衛生設施的不足造成了相當嚴重的社會問題與低效率經濟。如果無法獲得水，或者需以高價買水或大量時間（特別是婦女和兒童）來運水，一般人或貧窮者從事其他活動的能力（包括教育、工作、照護、務農、煮食等）將受到影響。低衛生水準將導致與水相關疾病的高發生率，並衍生昂貴的醫療代價。例如柬埔寨、印尼、菲律賓和越南因為衛生條件不足，每年須要付出90億美元的代價，約等於這些國家GDP的2%。讓所有人都能享用到安全、衛生的水資源和完善的衛生服務是一綠色經濟體的基本要件。

　　如果我們仍持續現有的做法，勢必將導致全球水資源供需之間的差距加大。汙水回收再利用工程的進度落後更加大此差距。如果人類不加速提升用水效率，預計在 20 年內，水資源的需求量將超過供給量的 40%。藉由水生產力水平的提高，以及增加供應量（如築壩、海水淡化，同時加強回收再利用）可解決此供需差距的 40%，而剩下的 60% 則須透過投資基礎設施、改革水資源政策和開發新技術來解決。足量、優質的供水，是生態系統為我們免費提供的一項服務。針對水缺乏（旱災）、水過豐（洪災）以及水質等問題，對生態系統的管理和投資才是確保人類安全用水的關鍵。

我們可以透過以下的策略來確保地球水資源的永續經營與利用。包括：

1. 確保地區之水土保持（土地管理）與減緩水土環境之退化（包括全球暖化）。

2. 加以完善水管理制度。

3. 建立部分地區供水系統的基礎結構。

4. 國際水貿易制度之建立。

5. 善用市場工具（包括生態系統服務費、水足跡、消費驅動之認證制度、補貼機制、排汙許可證交易、使用權等）。

6. 改進權益與分配制度。

7. 持續發展節能與高經濟效益之水回收再利用技術及其應用。

8. 強化公、私部門節水政策與作為。

四、森林

森林是綠色經濟的重要基礎之一，維繫著相當廣泛且不同行業人民的生計。森林所提供的產品及服務支持著全球超過十億人以上的經濟生活，且大多是生活在發展中國家且相對貧窮的人民。雖然森林所提供的木材、紙張和纖維製品的生產僅占全球 GDP 的極少部分 (1%)，但是森林生態系統所提供的公有財卻具有相當可觀的經濟價值，估計可達數兆美元。森林同時也是全球超過 50% 的陸地物種的棲地，並可透過碳的吸收與儲存來調節全球氣候，以及保護河川流域的生態。

森林產業的產品不僅具經濟價值，且是可再生、可回收和可被生物降解的自然資源。森林不僅是地球生態的基本組成部分之一，其產品和服務功能更是支持綠色經濟中相當重要部分之一。

全球消耗森林資源的行為正威脅著人類的生存基礎。儘管有跡象顯示我們去林的速度已減緩，但全球森林仍以驚人的速度在消失中（每年約 1,000~1,500 萬公頃，見第 4 章）；既使我們努力在造林，但是森林的淨消失面積仍高達每年約 500 萬公頃，況且人工林所提供的生態系統服務亦不及天然森林。木材製品和其他土地利用方式的需求（特別是經濟作物種植和畜牧業）是導致快速去林和功能退化的主要原因（見第 4 章）。停止森林砍伐可視為一種投資。據估計減少 50% 森林砍伐對調節全球氣候的平均收益可超過其成本的 3 倍。

　　藉由推廣並擴大不同的經濟和市場機制，我們可以發展出永續的林業模式。這些包括：

1. 推廣木材認證、雨林產品認證、生態系統服務支付、以社區為基礎之利益共用等計畫。

2. 投資造林，並慎選植樹區域，以確保民眾利益。

3. 發展典範之森林或複合式農林經營與管理模式，並予以轉移。

4. 擴大保護區。

5. 發展森林生態旅遊，同時轉移經濟利益至原住民。

6. 積極取締非法伐木。

7. 減少有損森林利益的政策，如農業補貼。

五、再生能源

　　傳統高碳能源體系依賴有限的化石燃料供給，但獲取這些燃料的難度越來越大，而成本也越來越高，並導致許多國家擔憂其能源獲取的安全問題。能源現狀也使許多國家面臨石油進口價格震盪的問題，而為了穩定物價與經濟安定性進而耗費政府大量的公共補助資金。因此，能源問題不解決將勢必會阻礙經濟、社會和環境的永續發展（見第 3 章）。

　　再生能源源自於自然過程，而且可以源源不斷地補充，用之不盡。再生能源有多種形式，包括取自太陽、風、生物質、地熱、水（含海洋）、氫能等（見第 3 章）。

　　投資再生能源對緩和氣候暖化更具重要的意義，同時也可帶來一連串的社會和環境效益。聯合國估計至 2030 年全球每年為了適應氣候變化的投資成本將達490~1,710 億美元，同時燃燒傳統燃料產生的汙染也間接造成很高的社會成本。因不完全燃燒所產生的碳顆粒及其他形式的空氣汙染（硫氧化物、氮氧化物、光化學煙霧、重金屬等，見第 5 章）對人類健康極具有殺傷力。在 2000 年的統計資料顯示由於燃燒固體燃料造成室內空氣汙染而引發的疾病占全球疾病的 2.7%，並被認為是由環境所引發健康問題的第二大殺手，僅次於飲用水的汙染和缺乏衛生的生活狀況。由於燃燒化石燃料，美國每年耗費的醫療費用高達 1,200 億美元，且大多花費在死於空氣汙染的成千上萬未成年人身上。國際能源署的研究指出：2005 年，控制空氣

汙染的成本已達到 1,550 億歐元，至 2030 年更會增加至原來的三倍。但諷刺的是：根據國際貨幣基金組織 (Inaternational Monetary Fund, IMF) 在 2015 年的報告指出世界各國為了提供廉價電力以驅動經濟發展所補貼化石燃料的費用已達 5 兆美元，約是全球 GDP 的 6.5%。再生能源將能減少甚至避免由於採礦、生產及燃燒化石燃料所引發的公共健康風險與所付出額外的社會成本。

發展綠色能源 (green energy) 需要提高能源使用效率以及增加再生能源 (renewable energy) 的供給規模，兩者都可以減少溫室氣體排放及其他類型的汙染。除此之外，未來能源需求的增長將主要集中在開發中國家，而當前的能源（化石燃料）亦有失社會公平（富者耗能、貧者缺能）。因此，發展再生能源同時也可解決全世界約 14 億人無電可用的困境，並為依賴傳統生質燃料的 27 億人口提供更健康、更能永續發展的能源。

目前許多開發中國家正積極地開發再生能源。從全球、國家和地區不同層面的考量上，現代化的再生能源體系對提高能源安全性具有重要的意義，並能同時提供更多的就業機會。中國在 2010 年再生能源行業總就業人數超過 110 萬，德國在 2008 年為 27.8 萬，並自 2004 年開始每年新增 12 萬人。最新的統計資料（2022 年）顯示全球目前有 1,270 萬的人力投入於再生能源相關產業。某些情況下，再生能源就業的增長也彌補了其他能源領域就業機會的損失。

再生能源將是支持綠色經濟的最重要支柱，主要實施策略包括：

1. 適切的地方能源政策與法令的支持。
2. 降低投資風險及提高報酬率以提升投資的意願。
3. 基礎設施的建構，包含以分散式系統為主的供電設施。
4. 加速創新技術的移轉與發電成本的降低以取代傳統發電。
5. 加速碳交易市場或碳稅制度的健全化，以增加替代能源之競爭性。

六、製造

工業與生活產品（不論是成品還是半成品）是人類消費資源的主要展現。一個產品的生命週期 (life cycle) 始於對自然資源的提取原料，並止於使用後的最終棄置。現今社會的基礎產業（如水泥、鋁、化學品、鋼鐵）為房屋、汽車和其他日常生活

所用的製造提供半成品，其他產業部門則提供成品（如服裝、皮革、化學品、電氣、電子產品等）。

　　全球製造業在 20 世紀大幅發展。世界鋼鐵產量在 2000 年增長至 1950 年的 6 倍，超過 12 億公噸，而 2022 年更達 18.2 億公噸；鋁產量在 1980~2005 年間增加一倍，而在 2010~2021 年間從 83.7~141.5 百萬公噸又增加了將近一倍（圖 7-6）。然而，產品產量的增長常常伴隨環境負荷的增加。工業消耗了全球超過 1/3 的電力並導致 1/5 以上的 CO_2 排放，更開採了超過 1/4 的基礎自然資源。雖然製造業（包括採取提煉業和建築業）提供全球 23% 的就業機會，但對由空氣汙染引起的健康損害也貢獻了 17% 的比例，以及其所連帶全球 1~5% 的 GDP 損失。除此之外，現今的製造業也面臨其他的挑戰，包括資源的日漸短缺（包含水）、能源費用的提高、有害物質的大量使用、廢棄物的產生與棄置、溫室氣體的排放；再加上全球化、新興國家消費型態的改變等產業結構上的變化。因此，實踐製造業的綠化 (greening manufacturing) 是勢在必行。

　　若製造業的運作能以可再生資源為基礎，並同時提高能資源的使用效率，則可產生更少的汙染和廢棄物，降低耗能與二氧化碳的排放，並將對人類和環境的衝擊降至最低。此原則也符合永續社會的循環代謝基本運作模式（圖 7-3）。從 20 世紀 80 年代開始，許多以產品生命週期及封閉型循環生產 (C2C) 為基本概念的製造理念逐漸受重視並予以推動，如清潔生產 (clean production)[7]、綠色設計 (green design)[8]、綠色技術 [9](green technology) 等，這些理念亦將引領下一波產業的變革及永續的發展。以下為製造綠化的重要策略：

1. 透過創新之產品設計、化學品的替代、增加回收再利用成效、引用綠色技術、重新設計系統等生命週期與封閉型循環生產之概念，將生產與消費鏈結改變。

2. 提升材料與能源之使用效率。

3. 提升水的使用效率。

4. 增加對綠色產業之投資。

5. 透過市場、政策、管理等機制促進綠色製造。

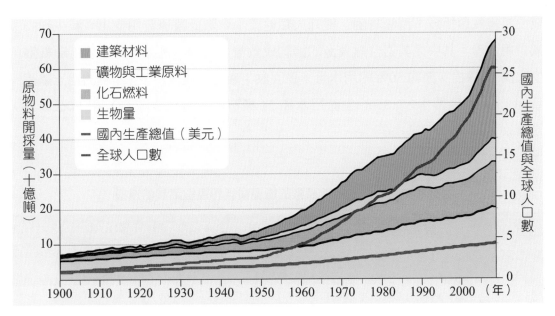

圖 7-6　全球在 1900~2010 年間的資源開採情形（國內生產總值與全球人口數是以 1900=1 為基準）

七、廢棄物

隨著全球的經濟發展，廢棄物量日益增加，性質也日趨複雜，對生態系統和人類健康造成嚴重地威脅。目前全球固體廢物產生量估計約為 350~500 萬噸／天，預估 2025 年將達 600 萬噸／天。這些廢棄物中因有機成分的降解所排放的溫室氣體，約占全球溫室氣體排放量的 5%。在所有固體廢物種類中，廢舊電子電氣設備廢物含有各種成分複雜的危險物質（如重金屬）已成為已開發和開發中國家在處理時皆須面對的最大問題（見第 5 章）。

但也因此，廢棄物處理的市場日漸擴增。當資源匱乏問題日益嚴峻之時再加上新技術的出現，為廢棄物處理業提供了新的機遇。據估計，全球廢棄物處理（從收集到回收再利用）的市場價值為 4,100 億美元／年，此尚未包括開發中國家非法市場的產值（亦約為 4,000 億美元／年）。另外，全球在 2008 年垃圾焚燒發電的市場獲利估計已達近 200 億美元，而到 2022 年時已達 360 億美元，且預估到 2032 年可近加倍至 660 億美元。

投資於廢棄物處理產業可產生多重的經濟、社會和環境效益，包括：可節約自然資源和能源、提供新的商機和工作機會、生產堆肥以支持有機農業、獲取能量、

減少溫室氣體排放、消除貧困、提升人類健康水準降低醫療費用支出、減少汙染、減少用水等；其中尤其對自然資源的節約成效更是可觀。例如，每回收 1 噸紙張可少砍伐 17 棵樹、節約 50% 的用水量；每回收 1 噸鋁可減少產生 1.3 噸的鋁土礦渣、節約 $15m^3$ 的冷卻水、$0.86m^3$ 生產用水和 37 桶石油、避免 2 噸 CO_2 和 11 公斤 SO_2 的排放（表 7-1）。

表 7-1　因廢棄物回收再利用所節省的能量損耗和溫室氣體的減量

材料種類	能源節約率 (%)	因回收再利用而減少的碳排放量（$kgCO_2$ 當量／公噸回收材料）	每 1000 公噸回收材料所節省的碳排放價格（13.4 美元／公噸 CO_2 當量）
鋁	90-95	95	1,273
鐵	74	63	844
紡織品	NA	60	804
鋼鐵	62-74	1,512	20,260
銅	35-85	NA	-
鉛	60-65	NA	-
紙製品	40	177	2,372
鋅	60	NA	-
塑料	80-90	41(HDPE)	549
玻璃	20	30	402

全球雖然目前僅有 25% 的固體廢棄物被回收再利用，但在聯合國之綠色經濟報告中所規劃的綠色投資模擬情景下，其棄置填埋量將大幅下降，此意味著新市場（回收再利用）將得以發展和擴大，包括事業廢物資源化利用率將成倍數增長（從 7% 上升至 15%），而幾乎所有的電子類廢棄物將完全被回收再利用（目前回收率僅 15%），而一般都市垃圾資源化利用率將從 10% 提升到 34%。到 2050 年，所有有機廢棄物將被有效地堆肥處理或者進行能源回收。

廢棄物的處理、回收再利用等相關產業未來應可穩定的發展，並成為製造業綠化以及綠色經濟成功的重要關鍵之一。以下幾點策略的實踐將能確保廢棄物產業能夠持續發展。

1. 以「從搖籃到搖籃」（圖 7-4）的綠色設計概念建立產品的回收再利用的封閉循環生產以消弭廢棄物。

2. 適切地管理與政策和制度的支持。

3. 創新處理技術的持續開發及應用。

4. 市場機制（包含碳交易與回收再利用）的典範轉移。

5. 非正規市場的正規化以減少二次汙染及其他衍生問題，並確保社會公平性。

八、建築

現今的建築業已經產生相當龐大的生態足跡（見第 1 章）。其不僅是全球最重要的溫室氣體排放源（約三分之一的最終耗能發生在建築物內）之一，亦消耗了超過 1/3 全球的物資（圖 7-6），另包括 12% 的淡水，並同時產生了相當可觀的廢棄物（約占總量的 40%）。讓情況更加惡化的是：開發中國家經濟發展迅速，再加上快速的都市化，全球並將在今後的 40 年內再增加 23 億人口。而當 2050 年、全球人口超過 90 億時，其中有 70%（63 億以上）將會居住在都市。此趨勢對建築業將有明顯的效應。例如在中國的商業、居住用的新建築目前每年平均以 7% 的速度增長並預計每年新增 10 億平方米的建築，到 2020 年時增加 2 倍於美國目前的商用建築面積，也將較 2000 年增加了 70%。全球水泥生產到 2020 年也已加倍。因此，建築業的綠化 (greening architecture) 對全球推動綠色經濟具有相當重要的意義。

綠建築 (green architecture) 是指能提高建築物所使用能資源（包括能量、水、材料）的效率，並同時降低對人體健康與環境衝擊的建築物。綠建築通常是透過適切的選址、設計、建造、運作、維護、拆除等工作，並以生命週期的概念所建構的。綠建築往往能夠節約可觀的建造與運作費用，尤其對減少全球溫室氣體的排放具有相當的潛力。除此之外，綠建築更適宜人類的居住，並可顯著地提高居住者的健康和勞動生產力，尤其後者所節省的成本，比提高能源利用的效率更為顯著。在很多開發中國家的住宅中，因燃料（如煤、生質能等）未充分燃燒、通風條件差而造成的室內汙染，是造成嚴重疾病和過早死的主要原因。

綠建築的推展亦將創造新的工作機會及產值。例如新建築或改造工程、高效利用資源的材料或設備的生產、再生能源及其資源和服務的延伸、回收利用和廢物管理等。建築業綠化的同時，技術訓練、推廣新技能、檢核工作等也為相關產業轉型提供了機會。

一般建築物通常可使用幾十年甚至百年，而一個國家的全部汽車在短短的 10 年裡就可能全數汰舊換新，其他的產品的置換率甚至更短（如手機）。而在已開發國家新建設的發展潛力較有限（大多侷限在改造而非新建）的情形下，開發中和新興經濟體國家的新建築綠化應更有較大的市場以及迫切性。以下策略將有助於推動綠建築產業：

1. 加速建造成本的降低，包括資金導入、材料普及化、創新材質研發、設計費用降低、成本回收率之提升等。

2. 善用市場與經濟工具，包括補貼與獎勵政策、能源管理、合作採購、效率認證與信貸體系等。

3. 監管與控制機制的設置，包括標準之訂定、建築規範、採購法規、節能義務或配額、強制性審計機制、公部門管理體系等。

4. 加速相關技術訊息的傳遞，包括不同環境議題的整合與導入、典範轉移並運用訓練、教育、宣傳等工具。

九、運輸

交通運輸 (transportation) 消耗全球一半以上的液態燃料，同時也占能源相關碳排放的將近四分之一（圖 7-7），因此對目前全球暖化效應極具影響。除此之外，在開發中國家都會區的空氣汙染物，有超過 80% 是源自於交通運輸，並造成相對應的健康效應，增加醫療成本的支出。密集的運輸流量亦引發每年超過 127 萬起的重大交通事故，且產生嚴重的交通擁堵、工時損耗、社會運作效率降低等問題。據估計，以上這些問題可能造成相當於一個國家 10% 國民生產總值 (GDP) 的損失。

隨著經濟的發展，全球車輛數量將由現在的 8 億成長到 2050 年的 20~30 億（尤其是在開發中國家），而航空運輸業也會因旅遊普及化而呈指數增長。此外，更加頻繁的海運所產生的碳排放也會比目前再增加 2.5 倍。

　　因應交通的建設，增加的道路、鐵路、機場、港口和其他交通基礎設施在施工及運作時皆會對陸地生物或其他自然生態系統產生衝擊，進而影響到生物棲息地的整體環境。如果沒有適當的規劃，嚴重時甚至導致野生生物的物種滅絕。所以從永續的角度，全球目前以化石燃料為主，且日漸頻繁的交通運輸系統必須有極大的轉變。我們可以透過以下的策略，將綠色概念導入現有的運輸體系以達到減少環境衝擊且經濟可持續發展的目的。

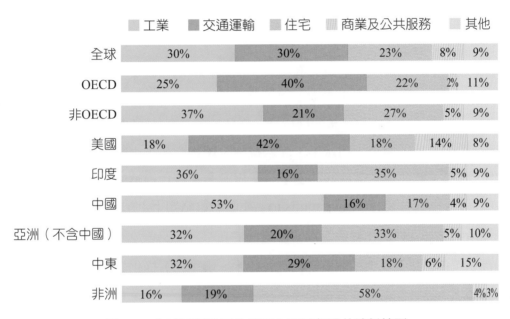

圖 7-7　全球不同地區的能源在不同部門的消耗情形。

1. 限制或減少交通流量。可透過適切的交通設計、城鄉規劃、電子網絡、生產與消費在地化、物流規劃等方式。

2. 發展及推廣環保交通方式或低衝擊運輸模式。包括租用制度、共乘、公共運輸系統普及化、空運替代方案、低耗能交通工具如電動車、清潔燃料、低效率車輛淘汰機制等，並以政策或市場誘因加以推動。

3. 加速綠色運輸的投資與經濟誘因，並增加公權力對運輸產業的規範成效。

十、旅遊

　　在全球超過 150 多個國家中，旅遊業 (tourism) 是五個主要出口收入的來源之一，而在其中的 60 個國家中，它更是最大宗的出口收入來源。旅遊業也是三分之一的開

發展中國家和超過一半的最不發達國家外匯收入的主要來源。全球的旅遊經濟約占國民生產總值 (GDP) 的 5%，而其就業人數約占世界總就業人數的 8%。而國際旅遊業每年的產值亦超過 10 兆美元且占全球出口總值排名的第四（僅次於燃料、化學品以及汽車產品），亦占全球商業服務出口的 30% 以及全球出口總額的 6%。

　　相關數據顯示：旅客到達量已經連續 60 年呈增長的趨勢，在 2009 和 2010 年時，已達 4% 的增長率。在 2019 年時（新冠疫情前），全球遊客的流量更近達 15 億人次，預估在未來的十年內仍將持續增長，到 2023 年（新冠疫情結束）時，國際旅遊人數已恢復到 2019 年時的 70%。

　　然而旅遊業的發展也面臨重大的挑戰。國際和國內旅遊業快速地增長、遠距離與短週期的旅行趨勢，以及能源密集型交通方式等因素，都增加了旅遊業對傳統能源的依賴，使得旅遊業溫室氣體的排放量占全球排放量的 5%。除此之外，水資源的過度消耗（相較於一般民生用水）、汙水排放、廢物產生、生物多樣性的破壞以及對文化、建築文物和傳統價值觀的衝擊，使旅遊業在綠色經濟的發展必須被高度的重視並進行綠化旅遊業 (greening tourism)。相關的策略如下：

1. 相關產業應加速與深化綠色旅遊的投資。

2. 提高旅遊運輸以及其他相關資源消耗（如水、廢棄物）綠化之比例。

3. 發展生態旅遊及相關組織管理的典範轉移。

4. 公部門的激勵措施、政策訂定與相關法令執行。

5. 明確的市場定位以確保各旅遊地區獨特性的發展。

6. 適切的環境管理。

7. 確保地方經濟利益，如提高當地直接或間接就業機會以及使用原物料之比例、增加投資比例、推行當地採購運動等。

8. 增加對綠色旅遊發展的教育訓練。

十一、城市

　　城市是在某一特定地理區域上所建立具有社會性、生態性和經濟性的集合系統。目前全世界有超過一半的人口居住在城市裡，而消耗的能源及排放的 CO_2 卻占全世界總量的 60~80%。快速地都市化現象 (urbanization) 使供水、排汙、生存環境及公

共衛生與健康等不同議題都帶來相當的壓力，尤其是對城市裡的相對較貧困人群的影響最大，因為他們的資源與社經地位通常相對較弱，而居住的環境也較差。都市化的特徵之一是範圍的外延和擴張，此不僅帶來了更多的社會分化，同時也增加了能源需求和碳的排放，並對周遭生態環境造成更多的衝擊。

更讓人擔憂的是：根據聯合國的估計，都市人口在 2050 年時將會達到全球人口的 69%（目前為 59%）。尤其在開發中國家，如中國大陸與印度，其人口都市化的後果將對其綠色經濟的發展有相當深遠的影響。印度城市人口已從 2001 年的 2.9 億增至 2008 年的 3.4 億，並預計在 2030 年達到 5.9 億。為滿足人口增長的需求，印度需要每年建造 7~9 億平方公尺的住宅區和商業區，並且需要每年投資 12 億美元於 350~400 公里的地鐵及 25,000 公里的新道路建設。相較之下，中國城市人口預計將從 2010 年的 6.4 億增至 2030 年的 9 億，也因此必須每年投資相當於 2001 年總 GDP 的十分之一（約 8~9 千億人民幣）用於改進城市的基礎設施。

城市不僅是經濟發展的最具體表徵，更是人類生產和消費多樣化和集中化的展現所在之處。在理想的情形下，如果能套用前述循環代謝（圖 7-3）的模式，透過選擇、整合不同生產部門和物流，使大多數的廢物得到再利用的機會，將可大幅度地減少垃圾的產生。再加上運用再生能源及適切的電力分配系統，達到低碳或零碳的耗能，綠色城市將是人類實踐綠色經濟最適切，但也最迫切之處。近年許多生態城市（ecological city 或 ecocity）[10] 或永續城市 (sustainable city) 的規劃也是採用同樣的概念。人類逐漸體會到：如果不採取適當措施，城市將不可遏制的占據大片的土地、消耗各類資源並最終破壞全球脆弱的生態體系。

全球許多城市已經逐漸在實踐生態城市的理念，包括美國加州舊金山與柏克萊、巴西－庫里奇巴 (Curitiba)、新加坡、瑞典西港新市鎮 (Västra Hamnen)、瑞典南方馬爾默區 (Malmo) 歐格斯登堡 (Augustenborg)、澳洲阿德雷德 (Adelaide)、德國弗萊堡 (Freiburg)、芬蘭赫爾辛基維基鎮 (Viikki)、中國大陸江蘇省張家港市、常熟市、昆山市、江陰市等。阿拉伯聯合大公國首都阿布達比也於 2008 年在馬斯達爾城建立沙漠上的綠色低碳「永續城市」。

綠色城市的實現需依賴前述不同部門或行業的綠化 (greening) 表現，尤其是在前述的交通運輸、建築、能源、水、廢棄物、技術等。除此之外，下列在規劃上策略的運用也有助於城市綠化的推動，這些包括：

1. 配合周圍的生態系統。

2. 建立更緊密的城市形態以減少運輸的距離，同時引進綠色交通管理模式。

3. 低表面積的建築密集形式可以減少更多的環境調節負擔（如冷氣或暖氣）。

4. 多使用高效率設備有利於降低城市基礎設施的能源消耗。

5. 發展城市農場以降低食品運輸之耗能。

6. 增加綠色面積以提升生態服務功能以及減少熱島效應（heat island effect，見第 6 章）。

7. 提升雨水與汙水回收再利用率，並增加對極端氣候影響的強韌性，如海綿城市。

8. 提升訊息傳遞（網路）的效能。

9. 鼓勵公用的概念。

10. 強調社會公平，並減少經濟、教育、資源等議題的差異性。

♣ 7-2-3　人類文明的永續發展

　　人類現今面臨的諸多環境問題追根究底還是因為傳統的經濟發展模式並非永續。發展綠色經濟是人類朝向永續發展的契機，其影響將是人類整體的文明以及地球整體環境的未來。邁向綠色經濟，不僅使我們有機會實現可持續的經濟發展，並可以快速且有效地消除區域的貧困。同時，綠色投資將會促進嶄新的行業和技術，更提供更多的就業機會，包括：可再生能源技術、資源和能源效率較高的建築和設備、低碳公共運輸體系、高能效的基礎設施和清潔能源汽車以及廢棄物處置和回收再利用設備等，這些也將是未來經濟發展的主要動力。除了在科技上的支持外，綠色經濟也需要產業與公部門投資於人力資源，包括與「綠化」相關的觀念、知識、體制架構、管理方法、技術、技巧等各方面的投入。最後，透過適切的公共政策的引導以及自由市場的機制，綠色經濟的實踐是可能的，也是必須的。聯合國於 2015 年提出的 17 項永續發展目標（Sustainable Development Goals, SDGs, 見第 1 章），期待在 2030 年前能大幅改善全球貧窮、性別／社會／地域／教育不平等、環境敗壞、氣候變遷等問題，並確保「每個國家都實現持久、包容和永續的經濟增長和每人都有合宜工作」。我們也衷心期盼各國能摒棄偏見、共同攜手合作達成所有目標。

　　不過，時間是緊迫的。全球暖化的效應逐漸在發酵。其雖然有助於迫使綠色經濟的推動以及產業的綠色革命，但我們轉變的速度是否能來得及在未來的 50~100 年當中扭轉暖化的趨勢？或者我們連要應付 IPCC 所建議的調適 (adaption) 與減緩 (mitigation)（見第 4 章）都將日趨艱鉅？也許我們個人可以先做些轉變。從節約用水到資源回收、節能減碳，從減少消費到綠色購買 (green purchasing) 都是在一般生活中可以簡單地就做到的，而對整體環境都是有助益的（見第 3 章）。這些在生活上的改變，也是近年全球各地所推動之樂活 (LOHAS) 的主要內涵，而致力於環境的保護更是每一位身為世界公民應負的責任。其實，環保在生活上的實踐並非困難的，困難的是認知與觀念的轉變。長遠地來看，人類必須認知解決環境問題其實就是解決我們的生存問題。

　　人類其實是生活在地球這艘已經在浩瀚無邊的宇宙中航行 46 億年的太空船上。這艘太空船是相當獨特的，因為靠著太陽能以及生物的演化，在有限的資源下形成一個能自給自足的系統，並可永遠航行下去。美國著名的哲學家、建築師及發明家巴克敏斯特富勒 (Richard Buckminster Fuller, 1895~1983) 就曾用太空船的比喻來形容地球，並出版了「地球號太空船的操作手冊」(Operating Manual For Spaceship Earth, 1968) 以告誡世人：地球是需要維護照料的，否則系統終將崩潰瓦解，沒有人可以繼續存活。我們都是在同一艘船上，每人都有責任確保這艘船能永遠的航行。

 註 解

1. 基因體：genome，指包含在生物個體 DNA 中的所有遺傳信息。
2. 游離性輻射線：指波長短、頻率高、能量高的射線，如紫外線、X 光線、迦瑪射線等 (γ)。其可將原子或分子裡的至少一個電子游離出，故破壞力與生物殺傷力會高於非游離性的射線。
3. 褐色經濟：指一種過度消耗能資源並忽視生態與環境的經濟發展模式。
4. 熱力學第二定律：指在一系統中的所有能量一定有部分是無法做功的。
5. 社會包容：指讓人感到有存在價值、差異性被尊重、基本需求能被滿足的社會。
6. 國際元：在特定時間與美元有相同購買力的一種假設貨幣單位。又稱吉爾里－哈米斯元 (Geary-Khamis dollar)，因此貨幣是由羅伊吉爾里於 1958 年提出，而由薩利姆漢納哈米斯於 1970~1972 年完成制訂。

7. 清潔生產：指在產品的製程或服務中能持續地導入及應用具整合與預防性的環境策略，並同時可增加生態效益、減少對人類及環境的衝擊。

8. 綠色設計：又稱永續設計或環境永續設計，指能考量經濟、社會及生態的永續發展的設計方法，範疇小至日常生活用品，大至建築與都市規劃等。

9. 綠色技術：指能減少或治理汙染、降低消耗、或改善生態的技術。

10. 生態城市：指盡可能降低對能源、水或是食物等人類生活必需品的需求，並同時能降低廢熱、廢水、廢棄物、汙染物等排放的城市。

習題與討論 EXERCISE

一、選擇題

( ) 1. 聯合國所定義的健康是指除了要有良好的生理與心理狀態外，還需具備 (A) 富裕的生活 (B) 人際關係良好 (C) 較高的社會階層 (D) 幸福美滿的家庭。

( ) 2. 現今哪一環境議題對人類安全的威脅性最大 (A) 沙塵暴 (B) 颱風 (C) 全球暖化 (D) 土石流 (E) 酸雨。

( ) 3. 現今人類的經濟模式無法永續的原因是 (A) 對能資源的利用是線性的且無節制 (B) 不考慮環境成本 (C) 過度強調 GDP 的成長 (D) 過度依賴化石燃料 (E) 以上皆是。

( ) 4. 綠色經濟的基本原則是 (A) 一律採用綠色的貨幣 (B) 所有物品一定是天然的 (C) 以循環再利用模式運作以盡可能地降低能資源的消耗 (D) 絕不開採森林。

( ) 5. 綠色經濟的主要內涵包括低碳排放、注重資源效益與何者？ (A) 社會包容 (B) 資本主義極致化 (C) 經濟與環保併進 (D) 強調素食主義。

( ) 6. 以下何者不符合綠色經濟的作法？ (A) 產品生命週期強調節水 (B) 農業應儘量減少人造化學品的使用 (C) 建築應採綠建築概念 (D) 儘量降低經濟成長 (E) 以上皆是。

( ) 7. 下列哪一行業或領域所消耗的能源最多？ (A) 農業 (B) 製造業 (C) 石化業 (D) 運輸 (E) 漁業。

( ) 8. 產品的「從搖籃到搖籃」的概念是 (A) 採用石油煉解材料 (B) 無任何廢物產生 (C) 所有廢物也是原料 (D) 原料取自哪裡廢料就送到哪裡。

( ) 9. 下列何者為支撐綠色經濟的關鍵？ (A) 穩定的生態服務 (B) 無限的能源 (C) 充足的食物 (D) 人口成長的限制 (E) 全球化的加速。

（　）10. 聯合國在 1992 年地球高峰會所提出的里約宣言將以下何者列為人類保護環
境及永續發展的重要指導原則之一？　(A) 世界和平　(B) 消除汙染　(C)
預警原則　(D) 反恐原則。

二、問答題

1. 簡述人類目前的經濟發展模式為何無法永續？

2. 何謂線性的經濟發展模式？何謂循環代謝的經濟發展模式？

3. 簡述一張椅子的設計如何才能從搖籃到搖籃。

4. 請思考你現在所居住的地方要如何改造，才能符合綠色經濟的原則。

5. 簡述全球暖化所帶來氣候變遷，對人類福祉的影響為何？

參考資料 REFERENCES

中文部分

1. 巴克敏斯特‧富勒，1968，地球號太空船的操作手冊，ISBN：0-8093-2461-X

2. 威廉‧麥唐諾與麥克‧布朗嘉，2008，從搖籃到搖籃：綠色經濟的設計提案。ISBN-10：1400157617。

3. 聯合國環境規劃署，2011，邁向綠色經濟：實現可持續發展和消除貧困的各種途徑，ISBN：978-92-807-3143-9

索引 | INDEX

六 劃

七 劃

八 劃

九 劃

選擇題答案

Chapter1

1.(A)　2.(A)　3.(A)　4.(C)　5.(B)　6.(B)　7.(A)　8.(B)　9.(D)　10.(D)

Chapter2

1.(B)　2.(C)　3.(D)　4.(B)　5.(D)　6.(C)　7.(B)　8.(B)　9.(D)　10.(C)

Chapter3

1.(D)　2.(A)　3.(D)　4.(A)　5.(B)　6.(D)　7.(A)　8.(C)　9.(D)　10.(C)

Chapter4

1.(A)　2.(B)　3.(A)　4.(C)　5.(B)　6.(B)　7.(B)　8.(B)　9.(B)　10.(B)

Chapter5

1.(A)　2.(C)　3.(D)　4.(C)　5.(B)　6.(D)　7.(B)　8.(A)　9.(A)　10.(D)

Chapter6

1.(D)　2.(B)　3.(A)　4.(D)　5.(D)　6.(A)　7.(C)　8.(B)　9.(C)　10.(C)

Chapter7

1.(B)　2.(C)　3.(E)　4.(C)　5.(A)　6.(D)　7.(B)　8.(C)　9.(A)　10.(C)

國家圖書館出版品預行編目資料

新編環境與生活/陳健民, 黃大駿, 劉瑞美, 吳慶烜編著.
-- 三版.-- 新北市：新文京開發出版股份有限公司,
2024.01
　　面；　公分

ISBN　978-986-430-997-9（平裝）

1. CST：環境保護　2. CST：環境教育

445.99　　　　　　　　　　　　　　　　112022390

新編環境與生活（第三版）　　　　　　（書號：E396e3）

編 著 者	陳健民　黃大駿　劉瑞美　吳慶烜
出 版 者	新文京開發出版股份有限公司
地　　址	新北市中和區中山路二段 362 號 9 樓
電　　話	(02) 2244-8188（代表號）
Ｆ　Ａ　Ｘ	(02) 2244-8189
郵　　撥	1958730-2
初　　版	西元 2016 年 02 月 20 日
二　　版	西元 2018 年 09 月 01 日
三　　版	西元 2024 年 01 月 20 日

New Wun Ching Developmental Publishing Co., Ltd.
New Age · New Choice · The Best Selected Educational Publications — NEW WCDP